普通高等学校理工类“新形态”规划教材

国家级一流本科课程

普通物理

第2版

（上）

主　编　陈恒雷　刘　静　朱春花
副主编　马青山　王淑英　张　蓓
参　编　陈　楚　徐　雷
主　审　王　倩　丁汉芹

本书资源使用说明

北京邮电大学出版社
·北京·

内 容 提 要

本书得到了2018年自治区本科教育教学改革研究与实践项目“融入‘思政教育’的物理类通识教育课程建设及教学方法实践探索”和2023年自治区高校本科教育教学研究与改革项目“高等教育数字化转型背景下物理学拔尖创新型人才培养模式研究与实践”的资助。本书是参照教育部高等学校大学物理课程教学指导委员会编制的《理工科类大学物理课程教学基本要求》(2023年版)编写而成的,涵盖了基本要求中规定的核心内容。全书分为上、下两册,并配备了活页练习册。本书为上册,包括力学和热学两篇。力学篇包括质点的运动、刚体的运动、机械振动及机械波、狭义相对论,热学篇包括气体动理论和热力学基础。

本书可作为高等学校理工科非物理专业大学物理教学的教材或参考书,也可供其他专业的教师及学生参考。

图书在版编目(CIP)数据

普通物理学. 上 / 陈恒雷,刘静,朱春花主编. 2版. --北京:北京邮电大学出版社,2025. -- ISBN 978-7-5635-7400-1

Ⅰ. O4

中国国家版本馆CIP数据核字第2024RC0957号

策划编辑:马 飞 **责任编辑**:马 飞 **封面设计**:义和文创

出版发行:北京邮电大学出版社
社 址:北京市海淀区西土城路10号(100876)
电话传真:010-82333010 62282185(发行部) 010-82333009 62283578(传真)
网 址:www.buptpress3.com
电子邮箱:buptpress3@163.com
经 销:各地新华书店
印 刷:三河市骏杰印刷有限公司
开 本:787 mm×1 092 mm 1/16
印 张:8.75
插 页:12
字 数:243千字
版 次:2019年8月第1版 2025年1月第2版
印 次:2025年1月第1次印刷

ISBN 978-7-5635-7400-1 定价:39.00元

前　言

党的二十大报告明确指出，教育、科技、人才是全面建设社会主义现代化国家的基础性、战略性支撑。必须坚持科技是第一生产力、人才是第一资源、创新是第一动力，深入实施科教兴国战略、人才强国战略、创新驱动发展战略。加快建设教育强国、科技强国、人才强国，坚持为党育人、为国育才，全面提高人才自主培养质量，着力造就拔尖创新人才。物理学作为自然科学的基础学科，在自主培养拔尖创新人才、提高原始创新能力、加快发展新质生产力等方面都发挥着基础性作用。

物理学是研究物质的基本组成、基本结构、基本运动及相互作用规律的科学，是人类在探索和认识自然规律的过程中形成和发展的实验学科。物理学是从认识机械运动规律初步建立起来的，后来人们又逐步认识了热学、电磁学及光学运动规律。19 世纪末，物理学已经形成了一个完整的体系，称为经典物理。在经典物理被认为日臻完美时，黑体辐射的“紫外灾难”、光电效应红限问题和 α 粒子散射等近代物理实验改变了人们对能量连续性的认识。在 20 世纪的前 30 年里，物理学的发展经历了一场革命性的变革，相对论和量子力学的创立颠覆了经典时空观和人们对物质世界连续性的认识，开辟了近代物理的新纪元。

以物理学为基本内容的普通物理学，是高等学校理工科各专业的一门重要的通识性基础课程。物理学的研究对象具有极大的普遍性，它的基本理论渗透到自然科学的各个领域，应用于生产技术的各个部门，是自然科学和工程技术发展的理论基础。该课程所讲授的基本概念、基本方法和基本理论是构建理工科学生的科学素养的重要组成部分，是一个科学工作者和工程技术人员所必备的知识。对普通物理学的学习，一方面可为专业课的学习打下必备的物理基础；另一方面可帮助学生形成科学的思维方式。物理学的基本理论在理工科学生科学素养的构建、科学方法的训练和创新精神的激发等方面都具有不可替代的作用。

本书是在习近平新时代中国特色社会主义思想的科学指引下，积极响应党的二十大报告提出的建设教育强国的指导方针，根据《理工科类大学物理课程教学基本要求》(2023 年版)，构建适应高等教育内涵式学科发展的一次有益探索。在编写本书的过程中，编者运用辩证唯物主义的观点和方法，本着巩固基础、深入浅出、逻辑严密、通俗易懂的原则，力求做到全书前后逻辑统一、物理量的引入自然、概念的定义准确、定律的表述严谨、定理的推导严密、例题的选择典型、思考题的设计引人深思。

全书分为上、下两册，由陈恒雷、刘静和朱春花主编。具体编写分工如下：第一章至第三章由陈恒雷编写，第四章由张蓓编写，第五章和第六章由马青山编写，第七章至第九章由刘静编写，第十章和第十一章由王淑英编写，第十二章由陈楚和徐雷编写。上册由朱春花统稿，下册由陈恒雷统稿。本书围绕每章核心知识点配备一套涵盖单项选择题、判断题、填空题、计算题和证明题（或综合题）的活页练习册，以供学生根据每章的学习进度进行必要的课后训练，达到巩固提高的目的。

在编写本书的过程中，编者得到了新疆大学物理科学与技术学院领导和许多同事的鼎力相助。新疆大学物理科学与技术学院的王倩教授、丁汉芹教授、阿里根副教授对本书进行了认真的审阅，并提出了许多建设性的修改意见，在此对他们的辛勤劳动一并表示由衷的感谢！

由于编者水平有限，书中难免存在疏漏和不足之处，真诚地期盼老师和同学们的批评指正，我们将在后续对本书的修订中进行改进。

编　者

2024 年 10 月 10 日

CONTENTS >> 目录

第一篇 力学

第一章 质点的运动 2

1.1 质点运动学 3
1.1.1 质点 参考系 坐标系 3
1.1.2 质点运动的描述 4
1.1.3 几种常见的质点运动 9
1.1.4 相对运动 12
1.2 质点动力学 14
1.2.1 力的定义、分类及几种常见的力 14
1.2.2 牛顿运动定律 16
1.2.3 牛顿运动定律的应用 17
1.2.4 力学相对性原理 惯性系和非惯性系 19
*1.2.5 质心运动定律 20
1.3 质点动理学 21
1.3.1 冲量 动量 动量定理 21
1.3.2 动量守恒定律 24
1.3.3 功 动能 动能定理 25
1.3.4 保守力及非保守力 势能 27
1.3.5 功能原理 机械能守恒定律 28
思考题 30

第二章 刚体的运动 31

2.1 刚体运动学 32
2.1.1 刚体和自由度 32
2.1.2 刚体运动的描述 32
2.2 刚体动力学 35
2.2.1 力矩 35
2.2.2 转动惯量 37
2.2.3 转动定律及其应用 38

2.3 角动量定理及角动量守恒定律 40
2.3.1 冲量矩 角动量 40
2.3.2 刚体定轴转动的角动量定理 41
2.3.3 刚体定轴转动的角动量守恒定律 41
2.4 动能定理及机械能守恒定律 42
2.4.1 力矩做功 转动动能 42
2.4.2 刚体定轴转动的动能定理 43
2.4.3 刚体定轴转动的机械能守恒定律 44
思考题 45

第三章 机械振动及机械波 46

3.1 机械振动 47
3.1.1 简谐振动 47
3.1.2 旋转矢量 51
3.1.3 简谐振动的能量 52
3.1.4 一维简谐振动的合成 53
*3.1.5 阻尼振动 受迫振动 共振 55
3.2 机械波 55
3.2.1 机械波的形成及传播 55
3.2.2 平面简谐波的波函数 57
3.2.3 波动的能量 60
3.2.4 惠更斯原理与波的干涉及衍射 62
*3.2.5 驻波 62
*3.2.6 多普勒效应 63
思考题 65

第四章 狭义相对论 66

4.1 伽利略变换式的局限 67
4.1.1 伽利略变换式与经典力学的相对性原理 67
4.1.2 经典力学的绝对时空观 68
4.1.3 光速与惯性系的选取 68
4.2 狭义相对性原理及洛伦兹变换式 70
4.2.1 狭义相对论的基本原理 70
4.2.2 洛伦兹时空变换式 70
*4.2.3 洛伦兹速度变换式 72
4.3 狭义相对论的时空观 73
4.3.1 同时的相对性 73
4.3.2 空间的相对性——长度收缩 74
4.3.3 时间的相对性——时间延缓 76

*4.4　光的多普勒效应　76
4.5　相对论动量和能量　77
4.5.1　狭义相对论动力学的基本方程　77
4.5.2　能量与质量的关系　78
*4.5.3　质能关系在原子核裂变和聚变中的应用　79
4.5.4　动量和能量的关系　79
思考题　80

第二篇　热学

第五章　气体动理论　82
5.1　热力学系统　状态参量　平衡态　83
5.1.1　宏观描述方法与微观描述方法简介　83
5.1.2　热力学系统及状态参量　83
5.1.3　平衡态　84
5.2　热力学第零定律　物态方程　85
5.2.1　热力学第零定律及其物理意义　85
5.2.2　温度　温标　86
5.2.3　物态方程　87
5.2.4　理想气体物态方程　87
5.3　物质的微观模型及统计规律性　88
5.3.1　物质由大量分子组成　88
5.3.2　分子的线度和分子间的相互作用力　89
5.4　理想气体微观描述的初级理论　90
5.4.1　理想气体的微观模型　90
5.4.2　理想气体的压强公式　91
5.4.3　理想气体的温度与分子平均平动动能的关系　92
5.5　自由度　能量均分定理　理想气体内能　93
5.5.1　自由度　93
5.5.2　能量均分定理　94
5.5.3　理想气体内能　95
*5.6　分子势能与真实气体物态方程　96
5.6.1　真实气体　96
5.6.2　范德瓦耳斯方程　97
5.6.3　昂内斯方程　97
5.6.4　分子势能及曲线　98
5.7　气体分子的速率分布规律　98
5.7.1　等概率性与概率的基本性质　98
5.7.2　麦克斯韦速率分布律　100
5.7.3　三种统计速率　101

5.8 气体分子的平均碰撞频率和平均自由程 103
*5.9 气体的迁移现象 104
5.9.1 黏性现象 104
5.9.2 扩散现象 106
5.9.3 热传导现象 106
思考题 107

第六章 热力学基础 108

6.1 可逆过程与不可逆过程 109
6.1.1 准静态过程 109
6.1.2 弛豫时间 109
6.1.3 可逆与不可逆过程 109
6.2 功和热量 110
6.2.1 准静态过程的功 110
6.2.2 热量 111
6.3 热力学第一定律 112
6.3.1 内能 112
6.3.2 热力学第一定律的表述 112
6.3.3 气体热容 113
6.3.4 理想气体的等容、等压、等温及绝热过程 115
6.3.5 等温线和绝热线的比较 118
6.3.6 多方过程 118
6.4 循环过程及卡诺循环 120
6.4.1 循环过程 120
6.4.2 热机和制冷机 120
6.4.3 卡诺循环 121
6.5 热力学第二定律与卡诺定理 123
6.5.1 热力学第二定律的两种表述及其实质 124
6.5.2 卡诺定理 124
*6.6 熵及熵增加原理 125
6.6.1 克劳修斯等式 125
6.6.2 熵和熵的计算 126
6.6.3 熵增加原理及热力学第二定律的表述 128
思考题 128

附录 标量和矢量及矢量的运算 129

参考文献 132

1 第一篇 力 学

一个物体相对于另一个物体或者一个物体内部各点之间的位置随时间发生变化的运动称为机械运动(mechanical motion)。机械运动是自然界中最常见、最基本的运动形式,机械运动可以分为平动、转动和振动。一个物体所做的机械运动一般可以分解为质心的平动和绕质心的转动或振动。

本篇的主要内容包括质点的运动、刚体的运动、机械振动及机械波、狭义相对论,主要研究质点的运动及动力学规律、刚体的运动及动力学规律、机械振动的运动规律及机械波的形成和传播规律、相对论时空观及动力学规律等。

第一章

质点的运动

人们最初是通过对地面上的物体和天体运动的观察,逐渐形成了物体在空间中位置的变化和时间的概念。中国战国时期的《墨经》中已有关于运动和时间先后的描述。古希腊哲学家亚里士多德(Aristotle)在《物理学》中比较详细地讨论了落体运动和圆周运动,已有了速度的概念。力学的发展从阐述最简单的物体平衡规律到建立运动的一般规律,大约经历了 20 个世纪。17 世纪初期,意大利物理学家和天文学家伽利略(Galileo)用实验揭示了物质的惯性原理,用物体在光滑斜面上的加速下滑实验揭示了匀加速运动的规律,并认识到地面附近的重力加速度不因物体的质量不同而有差异,进而又研究了抛体运动和质点运动的普遍规律。17 世纪下半叶,英国科学家牛顿(I. Newton)和德国数学家莱布尼茨(G. W. Leibniz)建立了微积分学,使动力学研究进入了一个崭新的时代。牛顿在 1687 年出版的巨著《自然哲学的数学原理》中,明确地提出了牛顿运动定律(牛顿第一定律、牛顿第二定律、牛顿第三定律)和力的独立作用原理。他在寻找落体运动和天体运动的原因时发现了万有引力定律,并根据万有引力定律推导出了开普勒定律,验证了月球绕地球转动的向心加速度与重力加速度的关系,解释了地球上的潮汐现象,建立了十分严格而又完善的质点力学体系。质点的运动学规律可以通过引入位置矢量、位移、速度和加速度来定量描述。质点的动力学规律可以通过引入力、动量和动能来定量描述。

本章主要包括质点运动学、质点动力学、质点动理学三部分内容。第一部分质点运动学,主要研究质点的运动规律,涵盖两类问题:第一类问题是已知质点的运动方程,通过求导运算求解质点在任意时刻的速度和加速度;第二类问题是已知质点在任意时刻的加速度、速度和初始条件,通过积分运算求解质点的运动方程。第二部分质点动力学,主要研究质点运动状态的变化规律,核心问题是通过受力分析及运用牛顿运动定律,建立质点的动力学方程,求解质点间的相互作用力和加速度。第三部分质点动理学,主要研究力对时间和空间的累积引起质点或质点系的动量和动能的变化规律,核心问题是运用动量守恒定律和机械能守恒定律求解质点的始、末速度。

1.1 质点运动学

1.1.1 质点　参考系　坐标系

（一）质点

任何物体都有一定的形状和大小。一般来说，物体运动时内部各点的运动轨迹和运动规律是各不相同的，很难描述。如果一个物体的形状和大小相对于其参与的运动过程可以忽略不计或物体上各点的运动轨迹和运动规律完全相同（即做平动），就可以把该物体抽象为一个只有质量、没有形状和大小的理想化模型——质点。

例如，在描述地球的自转时，地球上各点的运动轨迹和运动规律各不相同，不能把地球抽象为质点来处理。但在描述地球绕太阳的公转时，地球的形状和大小可以忽略不计，就可以把地球抽象为质点来处理。由此可见，一个物体能否被抽象为质点不是由物体的形状和大小来决定的，而是由物体参与的具体运动过程来决定的。

（二）参考系

自然界中，任何一个物体都在做永不停息的运动。同时，物体的运动又具有相对性，任何一个物体的运动规律都是相对于某个被选定的物体而言的，这个被选定的物体称为参考系。在运动学中，参考系的选择是任意的，视具体问题而定。例如，对于在地球表面运动的物体，选择地球作为参考系描述其运动状态比较方便。但当物体绕太阳或其他星体运动时，为了方便描述物体的运动，可以选择太阳或其他星体作为参考系。同一个物体的运动，选择不同的参考系，对其运动的描述也可以不同。例如，在匀速前进的列车中自由下落的物体，相对于列车参考系做自由落体运动，而相对于地面参考系做抛体运动。

（三）坐标系

为了定量地描述一个物体的运动状态及运动规律，需要在选定的参考系中建立一个坐标系，常用的坐标系有直角坐标系（见图 1.1.1）、平面极坐标系（见图 1.1.2）和自然坐标系（见图 1.1.3）等，坐标系也可以看作抽象化的参考系。

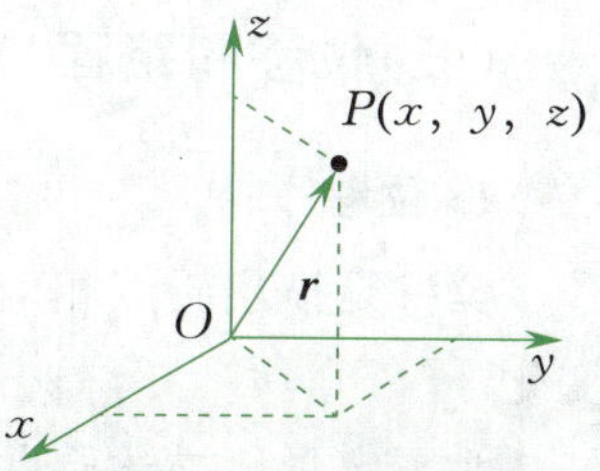

图 1.1.1　直角坐标系

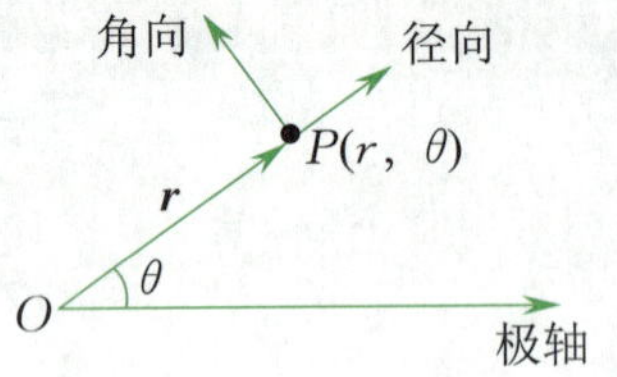

图 1.1.2　平面极坐标系

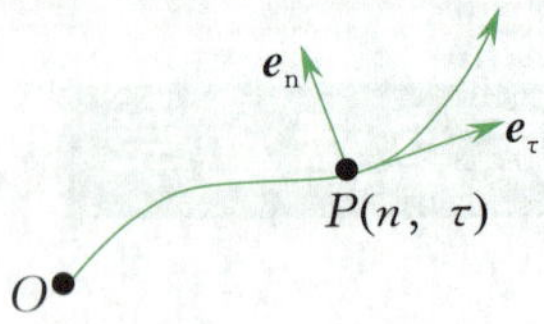

图 1.1.3　自然坐标系

1.1.2　质点运动的描述

位置矢量
运动方程

（一）位置矢量

位置矢量是描述质点相对位置的物理量，它表示质点相对于某个参考系的位置。

为了定量地描述质点的相对位置，首先需要选择一个参考系，然后在该参考系中建立一个坐标系（见图1.1.4），质点在该坐标系中任意一点 P 的位置可以用从坐标原点 O 到 P 点的有向线段 $\boldsymbol{r}$ 来表示，该矢量 $\boldsymbol{r}$ 称为位置矢量，简称位矢。

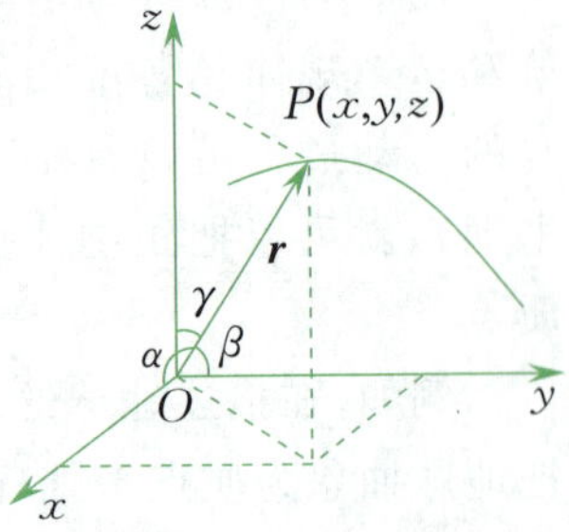

图 1.1.4　位置矢量

在直角坐标系中，位矢 $\boldsymbol{r}$ 可以表示成

$$\boldsymbol{r}=x\boldsymbol{i}+y\boldsymbol{j}+z\boldsymbol{k} \tag{1.1.1}$$

位矢 $\boldsymbol{r}$ 的大小为

$$r=|\boldsymbol{r}|=\sqrt{x^2+y^2+z^2} \tag{1.1.2}$$

位矢 $\boldsymbol{r}$ 的方向可用方向余弦表示为

$$\cos\alpha=x/r,\cos\beta=y/r,\cos\gamma=z/r \tag{1.1.3}$$

（二）运动方程和轨迹方程

一般情况下，描述质点相对位置的位矢是随时间变化的，即 $\boldsymbol{r}=\boldsymbol{r}(t)$，该方程就是质点的运动方程。

在直角坐标系中，运动方程可表示为 $\boldsymbol{r}(t)=x(t)\boldsymbol{i}+y(t)\boldsymbol{j}+z(t)\boldsymbol{k}$，运动方程的分量式为 $x=x(t)$，$y=y(t)$，$z=z(t)$，联立这三个方程，消去时间 t，可得到质点的轨迹方程 $f(x,y,z)=0$。

位移、速度、
加速度

（三）位移和路程

1. 位移

位移是描述质点相对位置变化的物理量，它表示质点相对位置大小和方向的变化。

为了定量地描述质点相对位置的变化，在如图1.1.5所示的直角坐标系中，将从初位矢 $\boldsymbol{r}_1$ 末端 P 点指向末位矢 $\boldsymbol{r}_2$ 末端 Q 点的有向线段 $\Delta\boldsymbol{r}$ 定义为位移。

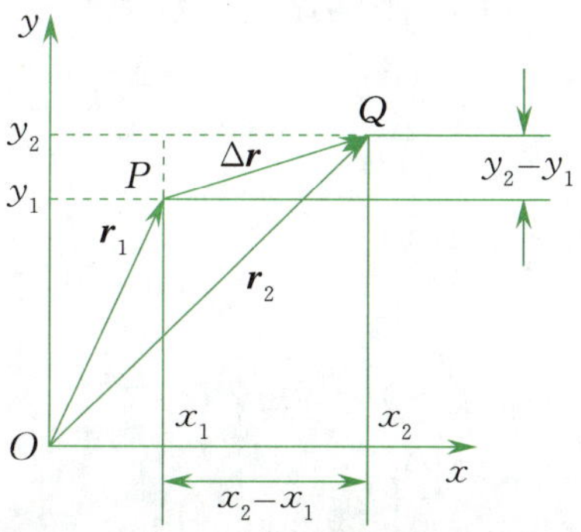

图 1.1.5　位移

若质点在三维空间中运动，在直角坐标系中，位移 $\Delta\boldsymbol{r}$ 表示为

$$\Delta\boldsymbol{r}=\boldsymbol{r}_2-\boldsymbol{r}_1=(x_2-x_1)\boldsymbol{i}+(y_2-y_1)\boldsymbol{j}+(z_2-z_1)\boldsymbol{k} \tag{1.1.4}$$

位移 $\Delta\boldsymbol{r}$ 的大小为

$$|\Delta\boldsymbol{r}|=\sqrt{(x_2-x_1)^2+(y_2-y_1)^2+(z_2-z_1)^2} \tag{1.1.5}$$

位移 $\Delta\boldsymbol{r}$ 的方向可用方向余弦表示为

$$\cos\alpha=\Delta x/|\Delta\boldsymbol{r}|,\cos\beta=\Delta y/|\Delta\boldsymbol{r}|,\cos\gamma=\Delta z/|\Delta\boldsymbol{r}| \tag{1.1.6}$$

2. 路程

质点沿任意路径经过的轨迹的长度定义为路程，用 s 表示。如图 1.1.6 所示，路程和位移是两个不同的物理量，只有在单方向的直线运动和瞬时运动过程中，位移的大小才和路程相等。

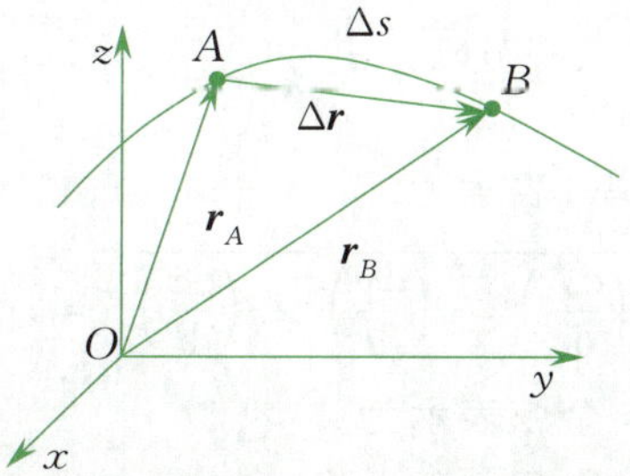

图 1.1.6　路程和位移

在国际单位制(SI)中，位移和路程的单位名称都是米，用符号 m 表示。

(四)速度

速度是描述质点运动状态的物理量，它表示质点运动的快慢及方向。

1. 平均速度

为了定量地描述质点在一段时间内运动的快慢，当质点沿任意曲线运动时，质点在时间 Δt 内发生的位移 $\Delta\boldsymbol{r}$ 与时间 Δt 的比值，定义为质点在这段时间内的平均速度，即 $\overline{\boldsymbol{v}}=\dfrac{\Delta\boldsymbol{r}}{\Delta t}$。

在直角坐标系（见图 1.1.7）中，平均速度表示为

$$\bar{\boldsymbol{v}}=\frac{\Delta x}{\Delta t}\boldsymbol{i}+\frac{\Delta y}{\Delta t}\boldsymbol{j}+\frac{\Delta z}{\Delta t}\boldsymbol{k} \tag{1.1.7}$$

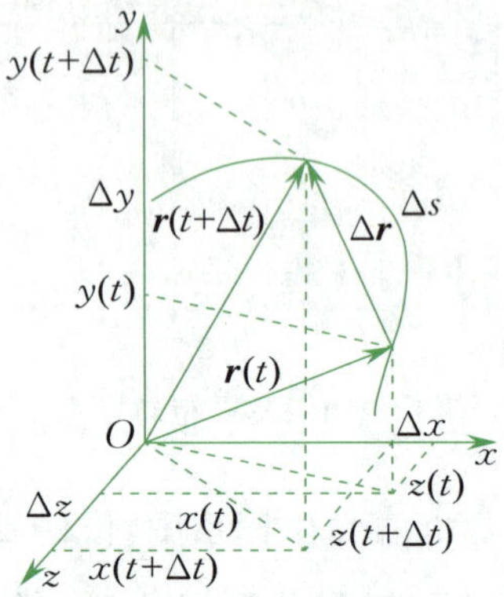

图 1.1.7　平均速度

平均速度 $\bar{\boldsymbol{v}}$ 的大小表示为

$$|\bar{\boldsymbol{v}}|=\sqrt{\left(\frac{\Delta x}{\Delta t}\right)^2+\left(\frac{\Delta y}{\Delta t}\right)^2+\left(\frac{\Delta z}{\Delta t}\right)^2} \tag{1.1.8}$$

平均速度 $\bar{\boldsymbol{v}}$ 的方向和位移 $\Delta\boldsymbol{r}$ 的方向一致。

2. 瞬时速度

为了定量地描述质点在某一时刻或位置的运动快慢，当 $\Delta t\to 0$ 时，平均速度的极限称为瞬时速度，简称速度，即 $\boldsymbol{v}=\lim\limits_{\Delta t\to 0}\frac{\Delta\boldsymbol{r}}{\Delta t}=\frac{\mathrm{d}\boldsymbol{r}}{\mathrm{d}t}$。

在直角坐标系中，速度 $\boldsymbol{v}$ 表示为

$$\boldsymbol{v}=\frac{\mathrm{d}x}{\mathrm{d}t}\boldsymbol{i}+\frac{\mathrm{d}y}{\mathrm{d}t}\boldsymbol{j}+\frac{\mathrm{d}z}{\mathrm{d}t}\boldsymbol{k}=v_x\boldsymbol{i}+v_y\boldsymbol{j}+v_z\boldsymbol{k} \tag{1.1.9}$$

速度 $\boldsymbol{v}$ 的大小（又称速率）表示为

$$v=|\boldsymbol{v}|=\sqrt{\left(\frac{\mathrm{d}x}{\mathrm{d}t}\right)^2+\left(\frac{\mathrm{d}y}{\mathrm{d}t}\right)^2+\left(\frac{\mathrm{d}z}{\mathrm{d}t}\right)^2}=\sqrt{v_x^2+v_y^2+v_z^2} \tag{1.1.10}$$

速度 $\boldsymbol{v}$ 的方向可用方向余弦表示为

$$\cos\alpha=v_x/v,\cos\beta=v_y/v,\cos\gamma=v_z/v \tag{1.1.11}$$

在任意时刻或位置，质点的速度 $\boldsymbol{v}$ 的方向与质点的运动轨迹上对应点的切线方向一致。

在国际单位制中，速度的单位名称是米每秒，用符号 $\mathrm{m\cdot s^{-1}}$ 表示。

（五）加速度

加速度是描述质点运动状态变化的物理量，它表示质点运动状态变化的快慢及方向。

1. 平均加速度

当质点沿任意曲线运动时，质点在时间 Δt 内速度的变化量 $\Delta\boldsymbol{v}$ 与时间 Δt 的比值，定义为质点在这段时间内的平均加速度。

在直角坐标系(见图 1.1.8)中,平均加速度 $\overline{\boldsymbol{a}}$ 表示为

$$\overline{\boldsymbol{a}}=\frac{\Delta \boldsymbol{v}}{\Delta t}=\frac{\Delta v_x}{\Delta t}\boldsymbol{i}+\frac{\Delta v_y}{\Delta t}\boldsymbol{j}+\frac{\Delta v_z}{\Delta t}\boldsymbol{k} \tag{1.1.12}$$

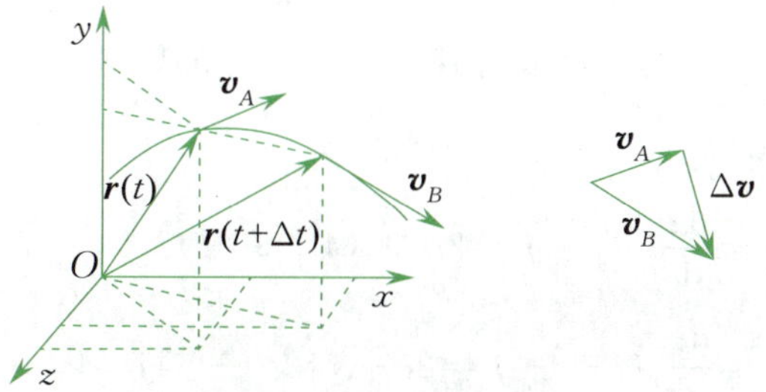

图 1.1.8 平均加速度

平均加速度 $\overline{\boldsymbol{a}}$ 的大小表示为

$$|\overline{\boldsymbol{a}}|=\sqrt{\left(\frac{\Delta v_x}{\Delta t}\right)^2+\left(\frac{\Delta v_y}{\Delta t}\right)^2+\left(\frac{\Delta v_z}{\Delta t}\right)^2} \tag{1.1.13}$$

平均加速度 $\overline{\boldsymbol{a}}$ 的方向与速度的变化量 $\Delta \boldsymbol{v}$ 的方向一致。

2. 瞬时加速度

为了定量地描述质点在某一时刻或位置运动状态变化的快慢,当 $\Delta t \to 0$ 时,平均加速度的极限称为瞬时加速度,简称加速度,即 $\boldsymbol{a}=\lim\limits_{\Delta t\to 0}\frac{\Delta \boldsymbol{v}}{\Delta t}=\frac{\mathrm{d}\boldsymbol{v}}{\mathrm{d}t}$。

在直角坐标系中,加速度 $\boldsymbol{a}$ 表示为

$$\boldsymbol{a}=\frac{\mathrm{d}v_x}{\mathrm{d}t}\boldsymbol{i}+\frac{\mathrm{d}v_y}{\mathrm{d}t}\boldsymbol{j}+\frac{\mathrm{d}v_z}{\mathrm{d}t}\boldsymbol{k}=a_x\boldsymbol{i}+a_y\boldsymbol{j}+a_z\boldsymbol{k} \tag{1.1.14}$$

加速度 $\boldsymbol{a}$ 的大小表示为

$$a=|\boldsymbol{a}|=\sqrt{\left(\frac{\mathrm{d}v_x}{\mathrm{d}t}\right)^2+\left(\frac{\mathrm{d}v_y}{\mathrm{d}t}\right)^2+\left(\frac{\mathrm{d}v_z}{\mathrm{d}t}\right)^2}=\sqrt{a_x^2+a_y^2+a_z^2} \tag{1.1.15}$$

加速度 $\boldsymbol{a}$ 的方向可用方向余弦表示为

$$\cos\alpha=a_x/a,\cos\beta=a_y/a,\cos\gamma=a_z/a \tag{1.1.16}$$

在任意时刻或位置,质点的加速度 $\boldsymbol{a}$ 的方向由其速度的瞬时变化量 $\mathrm{d}\boldsymbol{v}$ 的方向确定。

在国际单位制中,加速度的单位名称是米每二次方秒,用符号 $\mathrm{m\cdot s^{-2}}$ 表示。

(六)质点运动学中的两类问题

质点运动学的核心内容就是描述质点的运动规律,即确定质点的位矢、速度和加速度随时间的变化规律。

1. 求导问题

若已知质点的运动方程 $\boldsymbol{r}=\boldsymbol{r}(t)$,通过求导运算,可以分别求出质点在任意时刻的运动速度 $\boldsymbol{v}(t)$ 和加速度 $\boldsymbol{a}(t)$。

2. 积分问题

若已知质点的加速度 $\boldsymbol{a}=\boldsymbol{a}(t)$ 和初始时刻的速度 $\boldsymbol{v}_0$ 及位矢 $\boldsymbol{r}_0$,通过积分运算,

可以分别求出质点在任意时刻的速度 $\boldsymbol{v}(t)$ 和位矢 $\boldsymbol{r}(t)$。

例 1.1.1

设质点的运动方程为 $\boldsymbol{r}=x\boldsymbol{i}+y\boldsymbol{j}$，其中，$x=t^2+5$，$y=t^4+3t^2+1$，式中各量的单位均为 SI 单位。试求：(1) $t=2$ s 时质点的速度及加速度；(2)质点的轨迹方程。

解 (1)由速度及加速度的定义得

$$\boldsymbol{v}=\frac{\mathrm{d}x}{\mathrm{d}t}\boldsymbol{i}+\frac{\mathrm{d}y}{\mathrm{d}t}\boldsymbol{j}=2t\boldsymbol{i}+(4t^3+6t)\boldsymbol{j}$$

$$\boldsymbol{a}=\frac{\mathrm{d}v_x}{\mathrm{d}t}\boldsymbol{i}+\frac{\mathrm{d}v_y}{\mathrm{d}t}\boldsymbol{j}=2\boldsymbol{i}+(12t^2+6)\boldsymbol{j}$$

当 $t=2$ s 时，$\boldsymbol{v}(2)=(4\boldsymbol{i}+44\boldsymbol{j})\,\mathrm{m\cdot s^{-1}}$，$\boldsymbol{a}(2)=(2\boldsymbol{i}+54\boldsymbol{j})\,\mathrm{m\cdot s^{-2}}$。

(2)联立 $x=t^2+5$ 和 $y=t^4+3t^2+1$，消去时间 t，得质点的轨迹方程为

$$y=x^2-7x+11\,。$$

例 1.1.2

如图 1.1.9 所示，河岸上灯塔中光源距水面的高度为 h，帆高为 l 的帆船以速度 $\boldsymbol{v}_0$ 在水面上匀速航行。试求：(1)帆影顶部的运动速率；(2)帆影长度的变化速率。

解 根据题意建立如图 1.1.9 所示的坐标系。

(1)由几何关系得 $\dfrac{x_2-x_1}{l}=\dfrac{x_2}{h}$，分离变量后求导得

$$(h-l)\frac{\mathrm{d}x_2}{\mathrm{d}t}=h\frac{\mathrm{d}x_1}{\mathrm{d}t}$$

其中，$\dfrac{\mathrm{d}x_2}{\mathrm{d}t}=v$，$v$ 为帆影顶部的运动速率；$\dfrac{\mathrm{d}x_1}{\mathrm{d}t}=v_0$。可解得 $v=\dfrac{hv_0}{h-l}$。

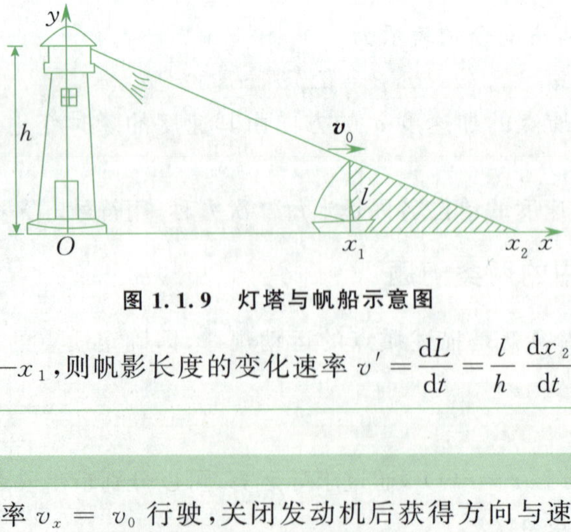

图 1.1.9 灯塔与帆船示意图

(2)影长为 $L=x_2-x_1$，则帆影长度的变化速率 $v'=\dfrac{\mathrm{d}L}{\mathrm{d}t}=\dfrac{l}{h}\dfrac{\mathrm{d}x_2}{\mathrm{d}t}=\dfrac{lv_0}{h-l}$。

例 1.1.3

一辆摩托车正以速率 $v_x=v_0$ 行驶，关闭发动机后获得方向与速度方向相反、大小与速率的平方成正比的加速度(比例系数为 k)，试计算在关闭发动机后摩托车行驶 x 距离时的速度。

解 根据题意有 $a_x = -kv_x^2 = \dfrac{dv_x}{dt}$ 。进行变量变换得

$$\frac{dv_x}{dt} = \frac{dx}{dx} \cdot \frac{dv_x}{dt} = \frac{v_x dv_x}{dx} = -kv_x^2$$

分离变量得

$$\frac{dv_x}{v_x} = -k\,dx$$

根据初始条件,两边分别积分得

$$\int_{v_0}^{v_x} \frac{dv_x}{v_x} = \int_0^x (-k)\,dx$$

得

$$v_x = v_0 e^{-kx}$$

所以,在关闭发动机后摩托车行驶 x 距离时的速度大小为 $v_x = v_0 e^{-kx}$,方向与原来速度的方向相同。

1.1.3 几种常见的质点运动

(一)直线运动

1. 匀速直线运动

当质点沿着某个方向做匀速直线运动时,取该方向为 x 轴正方向,其加速度 $\boldsymbol{a}_x - \boldsymbol{0}$,速度 $\boldsymbol{v}_x - \boldsymbol{v}_0$;由速度的定义式得 $v_x - \dfrac{dx}{dt}$,分离变量得 $dx = v_x dt = v_0 dt$,根据初始条件($t=0$ 时,$x = x_0$),两边分别积分得质点的位置坐标 $x = x_0 + v_0 t$ 。

2. 匀变速直线运动

当质点沿着某个方向做匀变速直线运动时,取该方向为 x 轴正方向,其加速度 $\boldsymbol{a}_x = \boldsymbol{a}_0$;由加速度的定义式得 $a_x = \dfrac{dv_x}{dt}$,分离变量得 $dv_x = a_x dt = a_0 dt$,根据初始条件($t = 0$ 时,$v = v_0$),两边分别积分得速度 $v_x = v_0 + a_0 t$;由 $v_x = \dfrac{dx}{dt}$ 分离变量得 $dx = v_x dt = (v_0 + a_0 t)dt$,根据初始条件($t = 0$ 时,$x = x_0$),两边分别积分得质点的位置坐标 $x = x_0 + v_0 t + \dfrac{1}{2}a_0 t^2$。

当 $\boldsymbol{a}_x$ 的方向与 $\boldsymbol{v}_x$ 的方向相同时,质点做匀加速直线运动;当 $\boldsymbol{a}_x$ 的方向与 $\boldsymbol{v}_x$ 的方向相反时,质点做匀减速直线运动。

(二)抛体运动

1. 平抛运动

当质点沿着水平方向做初速度为 $\boldsymbol{v}_0$ 的平抛运动时,其运动可看作水平方向的匀

速直线运动和竖直方向的自由落体运动的合运动。若取抛出点为坐标原点，取平抛方向为 x 轴正方向，取竖直向上为 y 轴正方向，质点的加速度 $\boldsymbol{a}=\boldsymbol{a}_x+\boldsymbol{a}_y=a_y\boldsymbol{j}=-g\boldsymbol{j}$。由加速度的定义式 $\boldsymbol{a}=\frac{\mathrm{d}\boldsymbol{v}}{\mathrm{d}t}$ 分离变量得 $\mathrm{d}\boldsymbol{v}=\boldsymbol{a}\mathrm{d}t=a_y\mathrm{d}t\boldsymbol{j}=-g\mathrm{d}t\boldsymbol{j}$，根据初始条件（$t=0$ 时，$\boldsymbol{v}_0=v_0\boldsymbol{i}$），两边分别积分得质点的速度 $\boldsymbol{v}=v_x\boldsymbol{i}+v_y\boldsymbol{j}=v_0\boldsymbol{i}-gt\boldsymbol{j}$。由速度的定义式 $\boldsymbol{v}=\frac{\mathrm{d}\boldsymbol{r}}{\mathrm{d}t}$ 分离变量得 $\mathrm{d}\boldsymbol{r}=\boldsymbol{v}\mathrm{d}t=(v_0\boldsymbol{i}-gt\boldsymbol{j})\mathrm{d}t$，根据初始条件（$t=0$ 时，$\boldsymbol{r}=\boldsymbol{0}$），两边分别积分得质点的位矢 $\boldsymbol{r}=x\boldsymbol{i}+y\boldsymbol{j}=v_0t\boldsymbol{i}-\frac{1}{2}gt^2\boldsymbol{j}$。

2. 斜抛运动

当质点沿着与水平方向成 α 角的方向做初速度为 $\boldsymbol{v}_0$ 的斜抛运动时，若取抛出点为坐标原点，取水平方向为 x 轴正方向，取竖直向上为 y 轴正方向，质点的加速度为 $\boldsymbol{a}=\boldsymbol{a}_x+\boldsymbol{a}_y=a_y\boldsymbol{j}=-g\boldsymbol{j}$，由加速度的定义式 $\boldsymbol{a}=\frac{\mathrm{d}\boldsymbol{v}}{\mathrm{d}t}$ 分离变量得 $\mathrm{d}\boldsymbol{v}=a_y\mathrm{d}t\boldsymbol{j}=-g\mathrm{d}t\boldsymbol{j}$，根据初始条件（$t=0$ 时，$\boldsymbol{v}_0=v_0\cos\alpha\boldsymbol{i}\pm v_0\sin\alpha\boldsymbol{j}$），两边分别积分得质点的速度 $\boldsymbol{v}=v_x\boldsymbol{i}+v_y\boldsymbol{j}=v_0\cos\alpha\boldsymbol{i}+(\pm v_0\sin\alpha-gt)\boldsymbol{j}$。由速度的定义式 $\boldsymbol{v}=\frac{\mathrm{d}\boldsymbol{r}}{\mathrm{d}t}$ 分离变量得 $\mathrm{d}\boldsymbol{r}=\boldsymbol{v}\mathrm{d}t=[v_0\cos\alpha\boldsymbol{i}+(\pm v_0\sin\alpha-gt)\boldsymbol{j}]\mathrm{d}t$，根据初始条件（$t=0$ 时，$\boldsymbol{r}=\boldsymbol{0}$），两边分别积分得质点的位矢 $\boldsymbol{r}=x\boldsymbol{i}+y\boldsymbol{j}=v_0t\cos\alpha\boldsymbol{i}+\left(\pm v_0t\sin\alpha-\frac{1}{2}gt^2\right)\boldsymbol{j}$。其中，斜上抛取“+”，斜下抛取“−”。

（三）平面曲线运动

1. 平面极坐标系

如图 1.1.10 所示，若一质点在 xOy 平面内运动，t 时刻它位于点 A，位矢 $\boldsymbol{r}$ 与 x 轴之间的夹角为 θ，则质点的位置可由 (r,θ) 来描述，以 (r,θ) 为坐标的参考系称为平面极坐标系，它与直角坐标系之间的变换关系为

$$\begin{cases}x=r\cos\theta\\y=r\sin\theta\end{cases}\tag{1.1.17}$$

为了定量地描述质点做平面曲线运动的规律，在平面极坐标系中可以引入角坐标 $\theta(t)$、角位移 $\Delta\theta(t)$、角速度 $\omega(t)$ 和角加速度 $\alpha(t)$ 的概念。

质点的角坐标定义为

$$\theta=\theta(t)\tag{1.1.18}$$

质点的角位移定义为

$$\Delta\theta(t)=\theta(t+\Delta t)-\theta(t)\text{ 或 }\mathrm{d}\theta(t)=\theta(t+\mathrm{d}t)-\theta(t)\tag{1.1.19}$$

质点的角速度定义为

$$\omega(t)=\frac{\mathrm{d}\theta(t)}{\mathrm{d}t}\tag{1.1.20}$$

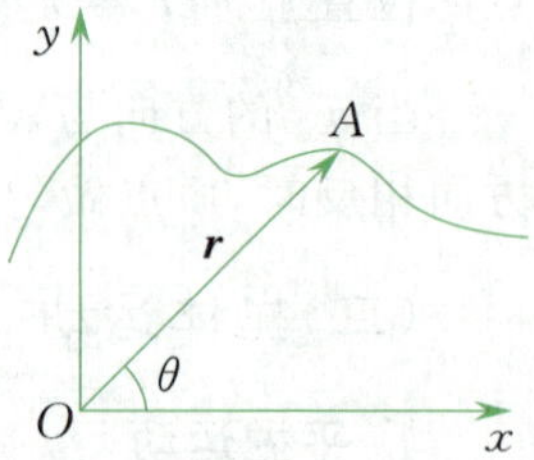

图 1.1.10 平面极坐标系

质点的角加速度定义为

$$\alpha(t)=\frac{\mathrm{d}\omega(t)}{\mathrm{d}t} \tag{1.1.21}$$

质点做平面曲线运动时,其线量和角量之间的对应关系分别为

$$s(t)=r\theta(t) \tag{1.1.22}$$

$$\Delta s(t)=r\Delta\theta(t) \text{ 或 } \mathrm{d}s(t)=r\mathrm{d}\theta(t) \tag{1.1.23}$$

$$v(t)=\frac{\mathrm{d}s(t)}{\mathrm{d}t}=\frac{r\mathrm{d}\theta(t)}{\mathrm{d}t}=r\omega(t) \tag{1.1.24}$$

$$a_{\mathrm{t}}=\frac{\mathrm{d}v(t)}{\mathrm{d}t}=\frac{r\mathrm{d}\omega(t)}{\mathrm{d}t}=r\alpha(t) \tag{1.1.25}$$

$$a_{\mathrm{n}}=\frac{v^2(t)}{r}=r\omega^2(t) \tag{1.1.26}$$

其中,$r=\frac{\mathrm{d}s}{\mathrm{d}\theta}$ 为曲率半径。

2. **自然坐标系**

建立在质点的运动轨迹上的坐标系称为自然坐标系。

如图 1.1.11 所示,在质点的运动轨迹上,任取一点 O 作为坐标原点,将从坐标原点 O 到轨迹上任意一点 P 的轨迹长度定义为质点的位移 s 。取质点的前进方向为切向坐标轴的正方向,用单位矢量 $\boldsymbol{e}_{\mathrm{t}}$ 表示;取轨迹的凹向为法向坐标轴的正方向,用单位矢量 $\boldsymbol{e}_{\mathrm{n}}$ 表示。

在自然坐标系中,质点的运动方程可表示为

$$s=s(t) \tag{1.1.27}$$

3. **匀速圆周运动**

如图 1.1.12 所示,当质点做匀速圆周运动(轨迹半径为 R)时,其速度 $\boldsymbol{v}=\frac{\mathrm{d}s}{\mathrm{d}t}\boldsymbol{e}_{\tau}=v\boldsymbol{e}_{\tau}=R\omega\boldsymbol{e}_{\tau}$,因为 $\frac{|\Delta\boldsymbol{v}|}{v}=\frac{|\Delta\boldsymbol{R}|}{R}$,所以 $\frac{|\Delta\boldsymbol{v}|}{\Delta t}=\frac{v}{R}\frac{|\Delta\boldsymbol{R}|}{\Delta t}$ 。当 $\Delta t\to 0$ 时,$\Delta\theta\to 0$。当 $\Delta\boldsymbol{v}\perp\boldsymbol{v}$ 时,加速度 $\boldsymbol{a}=\frac{\mathrm{d}\boldsymbol{v}}{\mathrm{d}t}=\frac{v^2}{R}\boldsymbol{e}_{\mathrm{n}}=a_{\mathrm{n}}\boldsymbol{e}_{\mathrm{n}}$ 。

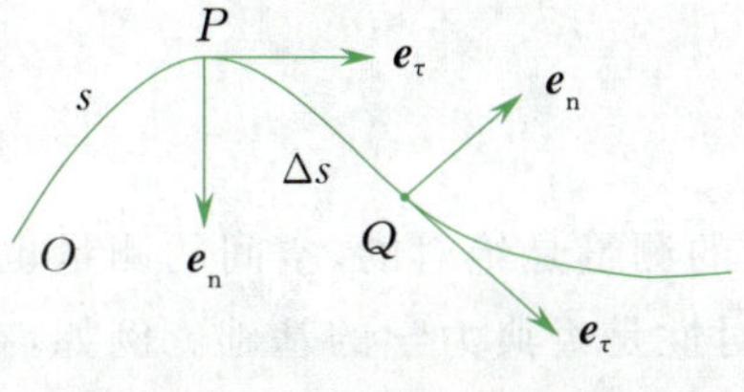

图 1.1.11 自然坐标系

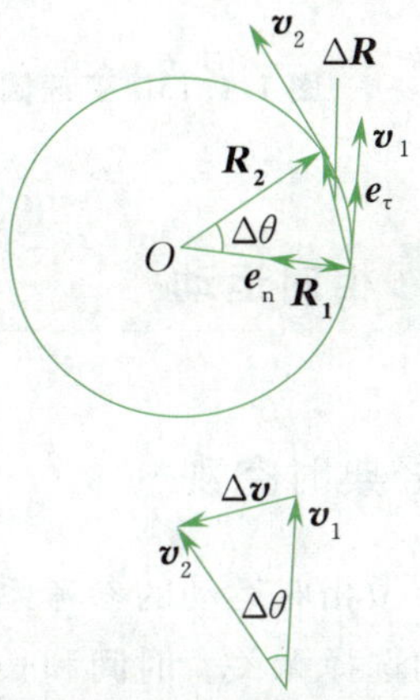

图 1.1.12 匀速圆周运动

4. 变速圆周运动

如图 1.1.13 所示，当质点做变速圆周运动时，其速度 $\boldsymbol{v}=\frac{\mathrm{d}s}{\mathrm{d}t}\boldsymbol{e}_\tau=v\boldsymbol{e}_\tau=r\omega\boldsymbol{e}_\tau$。因为 $\Delta\boldsymbol{v}=\Delta\boldsymbol{v}_\tau+\Delta\boldsymbol{v}_\mathrm{n}$，$\boldsymbol{a}=\lim\limits_{\Delta t\to 0}\frac{\Delta\boldsymbol{v}_\tau}{\Delta t}+\lim\limits_{\Delta t\to 0}\frac{\Delta\boldsymbol{v}_\mathrm{n}}{\Delta t}=\frac{\mathrm{d}v}{\mathrm{d}t}\boldsymbol{e}_\tau+\frac{v^2}{r}\boldsymbol{e}_\mathrm{n}=a_\tau\boldsymbol{e}_\tau+a_\mathrm{n}\boldsymbol{e}_\mathrm{n}=\boldsymbol{a}_\tau+\boldsymbol{a}_\mathrm{n}$，加速度的大小为 $|\boldsymbol{a}|=\sqrt{a_\tau^2+a_\mathrm{n}^2}$，加速度的方向满足 $\tan\varphi=\frac{a_\mathrm{n}}{a_\mathrm{t}}$。其中，$\boldsymbol{a}_\tau$ 是切向加速度，是引起速度大小改变的物理量；$\boldsymbol{a}_\mathrm{n}$ 是法向加速度(又称向心加速度)，是引起速度方向改变的物理量；φ 为切向加速度 $\boldsymbol{a}_\tau$ 与加速度 $\boldsymbol{a}$ 的夹角。

5. 一般曲线运动

运动的独立性(1)

运动的独立性(2)

如图 1.1.14 所示，当质点在平面内做曲线运动时，其速度 $\boldsymbol{v}=\frac{\mathrm{d}s}{\mathrm{d}t}\boldsymbol{e}_\tau=v\boldsymbol{e}_\tau=r\omega\boldsymbol{e}_\tau$，因为 $\Delta\boldsymbol{v}=\Delta\boldsymbol{v}_\tau+\Delta\boldsymbol{v}_\mathrm{n}$，$\boldsymbol{a}=\lim\limits_{\Delta t\to 0}\frac{\Delta\boldsymbol{v}_\tau}{\Delta t}+\lim\limits_{\Delta t\to 0}\frac{\Delta\boldsymbol{v}_\mathrm{n}}{\Delta t}=\frac{\mathrm{d}v}{\mathrm{d}t}\boldsymbol{e}_\tau+\frac{v^2}{r}\boldsymbol{e}_\mathrm{n}=a_\tau\boldsymbol{e}_\tau+a_\mathrm{n}\boldsymbol{e}_\mathrm{n}$，加速度的大小为 $|\boldsymbol{a}|=\sqrt{a_\tau^2+a_\mathrm{n}^2}$，加速度的方向满足 $\tan\varphi=\frac{a_\mathrm{n}}{a_\tau}$。其中，$r=\frac{\mathrm{d}s}{\mathrm{d}\theta}$ 是曲线上任意一点的曲率半径。

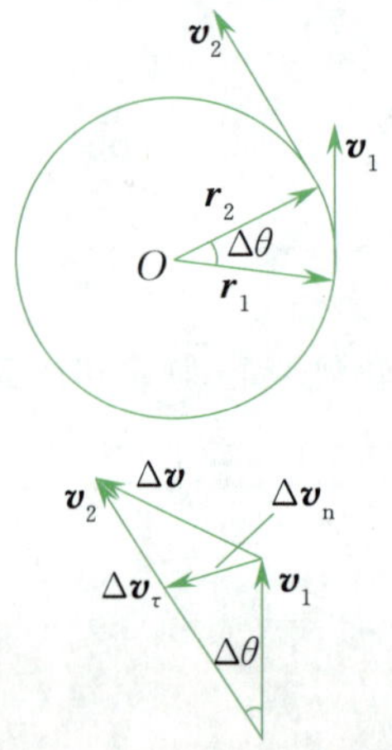

图 1.1.13 变速圆周运动

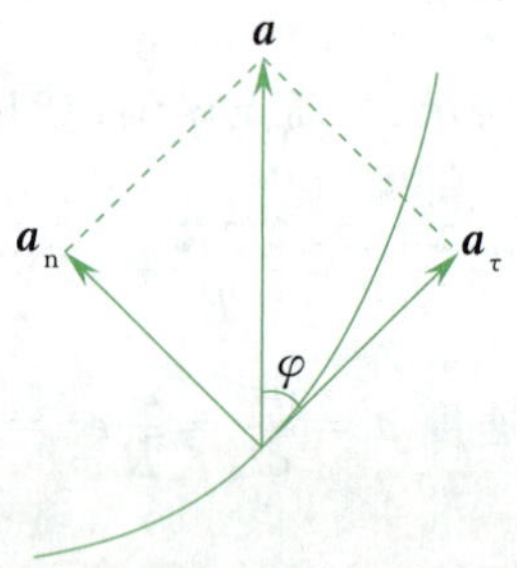

图 1.1.14 平面曲线运动

1.1.4 相对运动

(一)经典时空观

运动的相对性

在两个做相对运动的参考系中，时间的测量是绝对的，空间的测量也是绝对的，与参考系的选择无关。时间和长度的绝对性是经典力学的基础。例如，在经典力学中，一支圆珠笔或粉笔的长度在地面参考系和运动的汽车参考系中是一样的；在不同参考系中，时钟记录的时间也没有差别。

(二)相对运动

质点的运动具有相对性，在不同的坐标系中，质点的位移、速度和加速度都有可能不同。如图 1.1.15 所示，在 $t=0$ 时刻，坐标系 S' $(O'x'y'z')$ 和 S $(Oxyz)$ 的坐标原点 O' 和 O 重合，假设坐标系 S 静止不动，坐标系 S' 以速度 $\boldsymbol{v}_0$ 相对坐标系 S 沿 x 轴方向做直线运动。

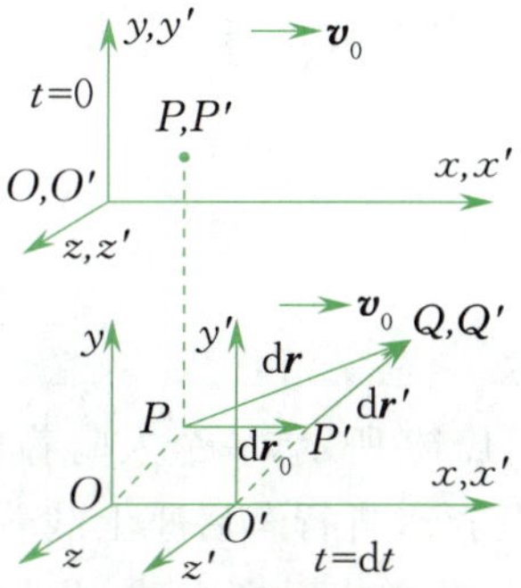

图 1.1.15　相对运动

质点在这两个坐标系中的位移变换关系为

$$\mathrm{d}\boldsymbol{r}=\mathrm{d}\boldsymbol{r}'+\mathrm{d}\boldsymbol{r}_0 \tag{1.1.28}$$

式(1.1.28)两边对时间 t 求导，得速度变换关系为

$$\boldsymbol{v}=\boldsymbol{v}'+\boldsymbol{v}_0 \tag{1.1.29}$$

其中，$\boldsymbol{v}=\dfrac{\mathrm{d}\boldsymbol{r}}{\mathrm{d}t}$ 称为绝对速度；$\boldsymbol{v}'=\dfrac{\mathrm{d}\boldsymbol{r}'}{\mathrm{d}t}$ 称为相对速度；$\boldsymbol{v}_0=\dfrac{\mathrm{d}\boldsymbol{r}_0}{\mathrm{d}t}$ 称为牵连速度。

式(1.1.29)两边对时间 t 求导，得加速度变换关系为

$$\boldsymbol{a}=\boldsymbol{a}'+\boldsymbol{a}_0 \tag{1.1.30}$$

其中，$\boldsymbol{a}=\dfrac{\mathrm{d}\boldsymbol{v}}{\mathrm{d}t}$ 称为绝对加速度；$\boldsymbol{a}'=\dfrac{\mathrm{d}\boldsymbol{v}'}{\mathrm{d}t}$ 称为相对加速度；$\boldsymbol{a}_0=\dfrac{\mathrm{d}\boldsymbol{v}_0}{\mathrm{d}t}$ 称为牵连加速度。

当 $\dfrac{\mathrm{d}\boldsymbol{v}_0}{\mathrm{d}t}=\boldsymbol{0}$，即两个坐标系相对静止或做匀速直线运动时，$\dfrac{\mathrm{d}\boldsymbol{v}}{\mathrm{d}t}=\dfrac{\mathrm{d}\boldsymbol{v}'}{\mathrm{d}t}$，即 $\boldsymbol{a}=\boldsymbol{a}'$。

例 1.1.4

如图 1.1.16 所示，某运动员以速率 v_0 向东跑步，有一阵风以同样的速率由北偏西 30° 方向吹来，运动员感到风从哪个方向吹来？

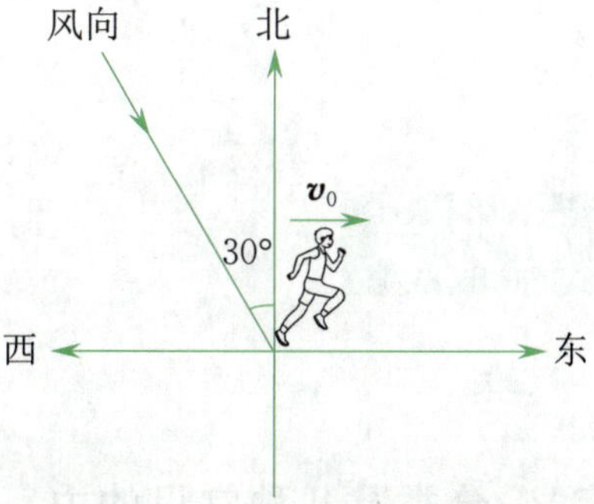

图 1.1.16　运动员跑步示意图

解　由相对运动原理得

$$\boldsymbol{v}=\boldsymbol{v}'+\boldsymbol{v}_0$$

$$\boldsymbol{v}'=\boldsymbol{v}-\boldsymbol{v}_0$$

可作出速度矢量图，如图 1.1.17 所示，则由几何关系得

$$v\cos 30^\circ=v'\cos\varphi$$

$$v\sin 30^\circ+v'\sin\varphi=v_0$$

由题意可知 $v = v_0$

联立以上三式，解得 $v' = v_0, \varphi = 30°$

故运动员感到风从北偏东 30° 方向吹来。

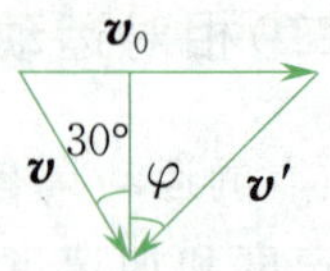

图 1.1.17　速度矢量图

例 1.1.5

如图 1.1.18 所示，一个人骑着自行车以 8 m·s^{-1} 的速率沿直线匀速骑行，自行车后座上载着的弹射器以与车前进的反方向斜向上 60° 弹出一个小球，此时站在地面上的另一个人看到小球沿竖直向上的方向运动，求小球弹射的高度。

图 1.1.18　自行车运动示意图

解　按题意作速度矢量图（见图 1.1.19），得

$$\boldsymbol{v} = \boldsymbol{v}_0 + \boldsymbol{v}'$$

由几何关系得

$$v = v_0 \tan 60° = 8 \times \tan 60° \text{ m·s}^{-1} \approx 13.9 \text{ m·s}^{-1}$$

故小球弹射的高度为

$$y = \frac{v^2}{2g} = \frac{13.8^2}{2 \times 9.8} \text{ m} \approx 9.9 \text{ m}$$

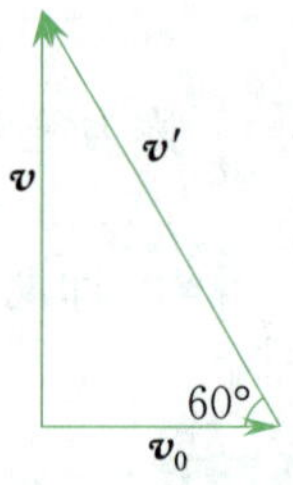

图 1.1.19　速度矢量图

1.2 质点动力学

1.2.1 力的定义、分类及几种常见的力

（一）力的定义、分类

1. 力的定义

力是物体与物体之间的相互作用，由作用点、大小和方向共同确定，是引起物体运动状态改变的原因。在国际单位制中，力的单位名称是牛顿，用符号 N 表示，1 N=1 kg·m·s^{-2}。

2. 力的分类

力从性质上可分为万有引力、电弱相互作用(电磁相互作用和弱相互作用)和强相互作用。常见的作用力有万有引力、弹性力和摩擦力等。

(二)力学中几种常见的力

1. 万有引力

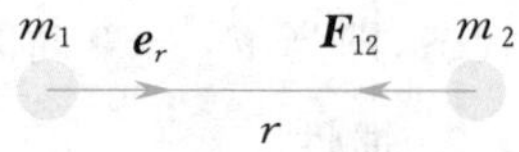

图 1.2.1 万有引力

力学中常见的几种力

自然界中任何两个物体都是相互吸引的,这种相互吸引的力定义为万有引力。

如图 1.2.1 所示,两个质量分别为 m_1 和 m_2、相距 r 的质点间的万有引力正比于两个质点的质量的乘积,反比于距离的平方。例如,物体 m_1 对物体 m_2 的万有引力为 $\boldsymbol{F}_{12}=-G\dfrac{m_1m_2}{r^2}\boldsymbol{e}_r$。其中,$G\approx6.67\times10^{-11}\ \mathrm{N\cdot m^2\cdot kg^{-2}}$,称为引力常量。

地面附近的物体(质量为 m)受到地球(质量为 M)的吸引而产生的力称为重力,即 $\boldsymbol{P}=m\boldsymbol{g}$。而 $\boldsymbol{P}=m\boldsymbol{g}\approx-G\dfrac{mM}{r^2}\boldsymbol{e}_r$,则 $g\approx G\dfrac{M}{r^2}\approx9.82\ \mathrm{m\cdot s^{-2}}$,称为重力加速度。

2. 弹性力

物体在外力作用下发生形变时有恢复原状的趋势,这种抵抗外力使物体恢复原状的力称为弹性力。日常生活中,常见的弹性力有压力、支持力、弹簧的弹性力、绳子的张力等。

在弹性限度内,弹簧的弹性力遵从胡克定律:$F=-k\Delta x$。

如图 1.2.2 所示,对于绳上任意一段两端的张力(弹性力),当绳水平静止时,$\Delta F_{\mathrm{T}}=F_{\mathrm{T}}(l+\Delta l)-F_{\mathrm{T}}(l)=0$,即 $F_{\mathrm{T}}(l+\Delta l)=F_{\mathrm{T}}(l)$。当绳加速运动时,$\Delta F_{\mathrm{T}}=F_{\mathrm{T}}(l+\Delta l)-F_{\mathrm{T}}(l)=\lambda\Delta la$,其中 λ 为绳的线密度,即 $F_{\mathrm{T}}(l+\Delta l)\neq F_{\mathrm{T}}(l)$。若绳为轻绳,即 $\lambda\to0$,$\Delta F_{\mathrm{T}}\to0$,则绳上各处张力相等,即 $F_{\mathrm{T}}(l+\Delta l)=F_{\mathrm{T}}(l)$。

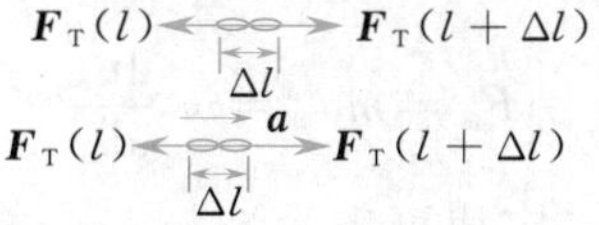

图 1.2.2 绳的张力

3. 摩擦力

当相互接触的两物体做相对运动或有相对运动趋势时,它们之间所产生的阻碍相对运动或相对运动趋势的力称为摩擦力。

摩擦力可分为滑动摩擦力、滚动摩擦力和静摩擦力。其中,滑动摩擦力 $F_{\mathrm{f}}=\mu F_{\mathrm{N}}$,最大静摩擦力 $F_{\mathrm{f0m}}\approx\mu_0F_{\mathrm{N}}$,静摩擦力 F_{f0} 满足 $0<F_{\mathrm{f0}}\leqslant F_{\mathrm{f0m}}$。一般情况下,滑动摩擦系数 μ 略小于静摩擦系数 μ_0,不作严格要求时 $\mu\approx\mu_0$。

1.2.2 牛顿运动定律

牛顿运动定律

（一）牛顿第一定律

1. 牛顿第一定律的描述

任何物体都将保持其运动状态不变，直到有其他物体对其作用，迫使它改变运动状态，即当 $\boldsymbol{F}_{合}=\boldsymbol{0}$ 时，物体将保持静止或匀速直线运动状态。

2. 惯性

任何物体都有保持其运动状态不变的性质，该性质称为惯性。

牛顿第一定律又称为惯性定律，质量 m 是表示物体惯性大小的物理量。在国际单位制中，质量的单位名称为千克，用符号 kg 表示。

（二）牛顿第二定律

物体的动量 $\boldsymbol{p}$ 随时间的变化率 $\mathrm{d}\boldsymbol{p}/\mathrm{d}t$ 等于作用于物体的合外力 $\boldsymbol{F}=\sum \boldsymbol{F}_i$，即 $\boldsymbol{F}=\dfrac{\mathrm{d}\boldsymbol{p}}{\mathrm{d}t}$，而物体的动量 $\boldsymbol{p}=m\boldsymbol{v}$，当物体的运动速度远小于光速，即 $v \ll c$ 时，物体的质量 m 是常量，则有 $\boldsymbol{F}=m\dfrac{\mathrm{d}\boldsymbol{v}}{\mathrm{d}t}=m\boldsymbol{a}$。

牛顿第二定律只适用于质点问题，质点的加速度与其所受的合外力具有瞬时对应关系。

在直角坐标系中，牛顿第二定律可表示为

$$\begin{cases} F_x = ma_x = m\dfrac{\mathrm{d}v_x}{\mathrm{d}t} \\ F_y = ma_y = m\dfrac{\mathrm{d}v_y}{\mathrm{d}t} \\ F_z = ma_z = m\dfrac{\mathrm{d}v_z}{\mathrm{d}t} \end{cases} \tag{1.2.1}$$

在自然坐标系中，牛顿第二定律可表示为

$$\begin{cases} F_\tau = ma_\tau = m\dfrac{\mathrm{d}v}{\mathrm{d}t} \\ F_n = ma_n = m\dfrac{v^2}{r} \end{cases} \tag{1.2.2}$$

（三）牛顿第三定律

两个物体之间的作用力 $\boldsymbol{F}_{12}$ 和反作用力 $\boldsymbol{F}_{21}$，沿同一直线，大小相等，方向相反，分别作用在两个物体上，且是同一种性质的力，即

$$\boldsymbol{F}_{12}=-\boldsymbol{F}_{21} \tag{1.2.3}$$

1.2.3 牛顿运动定律的应用

牛顿运动定律只适用于质点问题，解决问题的基本思路：首先，选择参考系，确定研究对象，进行受力分析；其次，确定作用点，建立坐标系，列出每个方向的动力学方程；然后，利用其他的约束条件列出补充方程；最后，先解出所求量的表达式，再代入数值计算结果。

例 1.2.1

如图 1.2.3 所示，一长为 L 的悬线拉着质量为 m 的小球，从水平位置由静止释放，求小球在任意位置处的速率 v 和悬线对小球的拉力大小 F_T。

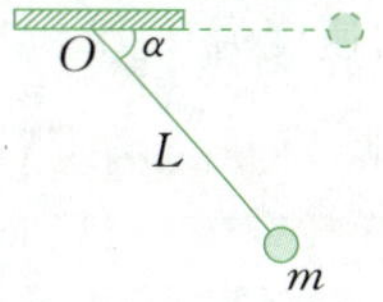

图 1.2.3 例 1.2.1 图

解 选取小球为研究对象，建立自然坐标系，得

$$F_{\tau}=mg\cos\alpha=m\frac{dv}{dt}=m\frac{dv}{ds}\frac{ds}{dt}=mv\frac{dv}{L\,d\alpha} \quad ①$$

$$F_n=F_T-mg\sin\alpha=m\frac{v^2}{L} \quad ②$$

由式①分离变量后，两边分别积分得 $\int_0^v v\,dv=\int_0^\alpha Lg\cos\alpha\,d\alpha$，解得

$$v=\sqrt{2Lg\sin\alpha}$$

将上式代入式②，可解得

$$F_T=mg\sin\alpha+m\frac{2Lg\sin\alpha}{L}=3mg\sin\alpha$$

例 1.2.2

如图 1.2.4 所示，由地面沿竖直方向向上发射质量为 m 的航天飞机，求使航天飞机脱离地球引力所需的最小初速度（地球半径 R 为 6.378×10^6 m）。

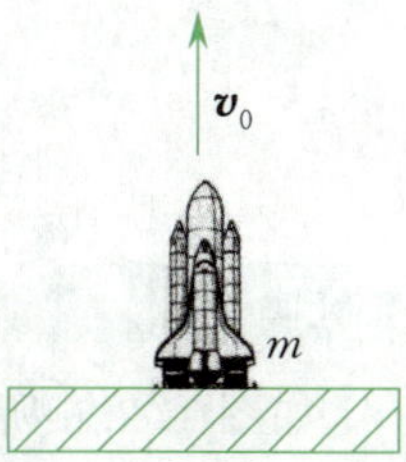

图 1.2.4 例 1.2.2 图

解 以地面为参考系，以地心为坐标原点，取竖直向上为 y 轴正方向。航天飞机受到的万有引力为

$$F=-G\frac{mM}{y^2}\approx-\frac{mgR^2}{y^2}$$

由牛顿第二定律得

$$F=-\frac{mgR^2}{y^2}=m\frac{\mathrm{d}v}{\mathrm{d}t}=m\frac{\mathrm{d}v}{\mathrm{d}y}\frac{\mathrm{d}y}{\mathrm{d}t}=mv\frac{\mathrm{d}v}{\mathrm{d}y}$$

分离变量后，两边分别积分得

$$\int_R^y(-gR^2)\frac{\mathrm{d}y}{y^2}=\int_{v_0}^v v\mathrm{d}v$$

解得

$$v^2=v_0^2-2gR^2\left(\frac{1}{R}-\frac{1}{y}\right)$$

航天飞机脱离地球引力时，$y\to\infty$。由于 $v\geqslant0$，故使航天飞机脱离地球引力所需的最小初速度为

$$v_0=\sqrt{2gR}\approx11.2\ \mathrm{km\cdot s^{-1}}$$

例 1.2.3

如图 1.2.5 所示，在倾角为 α 、固定于水平地面的光滑斜面上有两物体通过定滑轮相连，已知两物体的质量分别为 m_1 和 m_2，且定滑轮和绳子的质量可忽略，试求物体的加速度大小 a 及绳子的张力大小 F_T 。

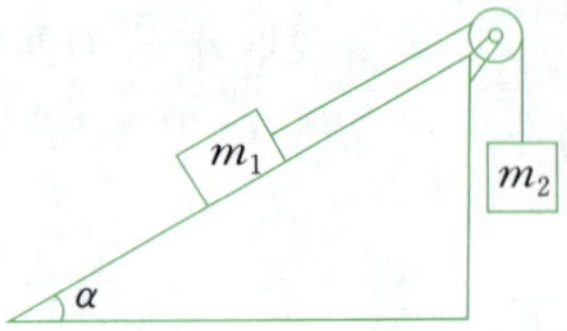

图 1.2.5　例 1.2.3 图

解　以地面为参考系。对质量为 m_1 的物体取沿斜面向上为正方向，则

$$F'_T-m_1g\sin\alpha=m_1a$$

对质量为 m_2 的物体取竖直向下为正方向，则

$$m_2g-F_T=m_2a$$

而

$$F_T=F'_T$$

联立以上三式，得

$$a=\frac{m_2g-m_1g\sin\alpha}{m_1+m_2}$$

$$F_T=\frac{m_1m_2g(1+\sin\alpha)}{m_1+m_2}$$

例 1.2.4

如图 1.2.6 所示，一质量为 m 的小球从静止开始在流体中下落，小球受到的黏性力与小球的运动速率成正比，即 $f=-kv$，设小球受到的浮力大小为 F，求小球在流体中的下落速率及终极速率。

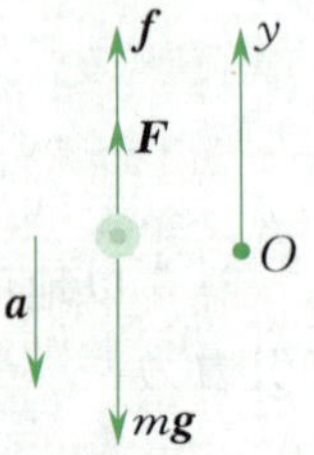

图 1.2.6　例 1.2.4 图

解 以地面为参考系,取竖直向上为 y 轴正方向,得

$$-mg+F+kv=-ma=-m\frac{dv}{dt}$$

分离变量得

$$\frac{dv}{mg-F-kv}=\frac{dt}{m}$$

两边分别积分得 $\int_0^v \frac{dv}{mg-F-kv}=\int_0^t \frac{dt}{m}$,解得

$$v=\frac{mg-F}{k}(1-e^{-\frac{k}{m}t})$$

当 $t\to\infty$ 时,有 $$v_{终}=\frac{mg-F}{k}$$

1.2.4 力学相对性原理 惯性系和非惯性系

(一)力学相对性原理

质点在两个相对做匀速直线运动的坐标系 $S(Oxyz)$ 和 $S'(O'x'y'z')$ 中,速度变换关系为 $\boldsymbol{v}=\boldsymbol{v}'+\boldsymbol{v}_0$,因为 $\boldsymbol{v}_0$ 为常矢量,故 $\boldsymbol{a}=\boldsymbol{a}'$,$\boldsymbol{F}=m\boldsymbol{a}$,$\boldsymbol{F}'=m\boldsymbol{a}'$。

对于不同惯性系,经典力学的规律都具有相同的形式,与惯性系的运动状态无关。

(二)惯性系和非惯性系

惯性定律成立的参考系称为惯性参考系,简称惯性系。

惯性定律不成立的参考系称为非惯性参考系,简称非惯性系。

相对于惯性系静止或做匀速直线运动的参考系都是惯性系,相对于惯性系做变速运动的参考系都是非惯性系。

为了运用牛顿运动定律解决非惯性系中的力学问题,引入一个客观不存在的虚拟力,并称这个虚拟力为惯性力。

在平动非惯性系中,惯性力 $\boldsymbol{F}_i=-m\boldsymbol{a}_0$,其中 $\boldsymbol{a}_0$ 是非惯性系相对于惯性系的加速度。

例 1.2.5

如图 1.2.7 所示,升降机相对于地面以加速度 $\boldsymbol{a}_0$ 竖直向上运动,升降机顶部挂着一质量不计的定滑轮,定滑轮两边用细绳悬挂质量分别为 m_1 和 m_2 的货物,且 $m_1>m_2$,试求两货物相对于升降机的加速度大小。

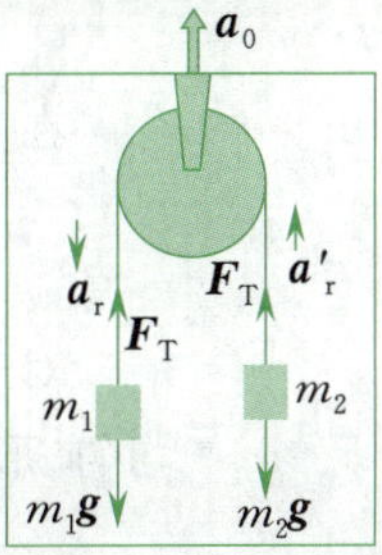

图 1.2.7 例 1.2.5 图

解 选取升降机为参考系，取竖直向下为正方向，设两货物相对于升降机的加速度分别为 $\boldsymbol{a}_r$ 和 $\boldsymbol{a}'_r$，则 $a_r=a'_r$。分别对货物 m_1 和 m_2 进行受力分析，可得

$$m_1g+m_1a_0-F_T=m_1a_r$$
$$m_2g+m_2a_0-F_T=-m_2a'_r$$

联立以上两式，解得

$$a_r=a'_r=\frac{(m_1-m_2)(g+a_0)}{m_1+m_2}$$

*1.2.5 质心运动定律

一般情况下，物体所做的机械运动可以分解为物体质心的平动和绕质心的转动。

(一)质心

1. 质心的定义

物体的质量中心简称质心，它是物体上被认为质量集中于此的一个假想点。

2. 质心的位置

1)质量不连续分布的物体的质心位置

对于由 n 个质量不连续分布的质点组成的质点系(总质量为 m')，其质心的位置为

$$\boldsymbol{r}_C=\frac{m_1\boldsymbol{r}_1+m_2\boldsymbol{r}_2+\cdots+m_i\boldsymbol{r}_i+\cdots+m_n\boldsymbol{r}_n}{m_1+m_2+\cdots+m_i+\cdots+m_n}=\frac{\sum_{i=1}^{n}m_i\boldsymbol{r}_i}{m'} \tag{1.2.4}$$

在直角坐标系中：

$$x_C=\frac{\sum_{i=1}^{n}m_ix_i}{m'},y_C=\frac{\sum_{i=1}^{n}m_iy_i}{m'},z_C=\frac{\sum_{i=1}^{n}m_iz_i}{m'} \tag{1.2.5}$$

2)质量连续分布的物体的质心位置

对于质量连续分布的物体(质量为 m')，其质心的位置为

$$\boldsymbol{r}_C=\frac{1}{m'}\int\boldsymbol{r}\,\mathrm{d}m \tag{1.2.6}$$

在直角坐标系中：

$$x_C=\frac{1}{m'}\int x\,\mathrm{d}m,y_C=\frac{1}{m'}\int y\,\mathrm{d}m,z_C=\frac{1}{m'}\int z\,\mathrm{d}m \tag{1.2.7}$$

对于密度分布均匀、形状对称的物体，其质心在其几何中心。对于密度分布不均匀、形状不规则的物体，其质心位置可以由实验来确定。

（二）质心运动定律

作用在质点系或物体上的合外力等于质点系或物体的总质量乘以其质心的加速度，即

$$\boldsymbol{F}^{\mathrm{ex}}=m'\frac{\mathrm{d}\boldsymbol{v}_{\mathrm{C}}}{\mathrm{d}t}=m'\boldsymbol{a}_{\mathrm{C}} \tag{1.2.8}$$

例 1.2.6

如图 1.2.8 所示，一质量为 $2m$ 的炮弹从地面斜向上发射出去，当它飞行到最高点时爆炸成质量相等的两个弹片，第一个弹片沿竖直方向下落，而第二个弹片水平飞出，试求第二个弹片落地点的位置（假设在炮弹不爆炸的情况下，其质心落于 C 点，C 点到 O 点的距离为 x_{C}）。

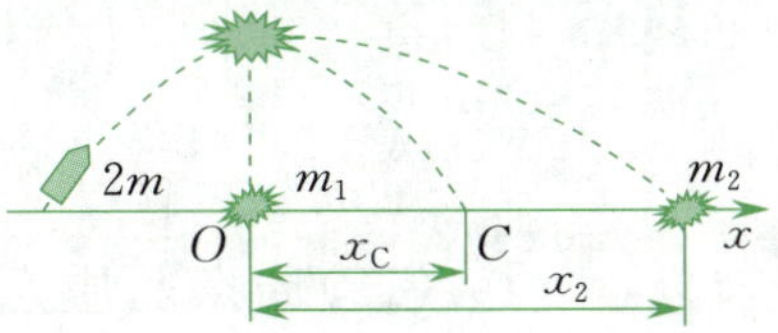

图 1.2.8 例 1.2.6 图

解 炮弹爆炸和不爆炸两种情况下其质心的运动轨迹及落地位置保持不变。

质心的位置为 $$x_{\mathrm{C}}=\frac{m_1x_1+m_2x_2}{m_1+m_2}$$

而 $m_1=m_2=m$，$x_1=0$，则 $$x_2=2x_{\mathrm{C}}$$

1.3 质点动理学

1.3.1 冲量 动量 动量定理

（一）冲量及动量

1. 冲量

力对时间的积分定义为冲量，即 $\boldsymbol{I}=\int_{t_1}^{t_2}\boldsymbol{F}\mathrm{d}t$，其单位为 N·s。冲量是矢量，是引起质点运动状态改变的物理量。

2. 动量

质点的质量和速度的乘积定义为动量，即 $\boldsymbol{p}=m\boldsymbol{v}$。动量也是矢量，方向与质点的速度 $\boldsymbol{v}$ 的方向一致。

例 1.3.1

一颗钉子在射钉枪筒里前进时所受的合力大小为 $F=50-\frac{1}{3}\times10^4 t(\mathrm{N})$，钉子从枪口射出时的速率为 $40\ \mathrm{m\cdot s^{-1}}$，设钉子离开枪口时合力等于零，试求：(1)钉子在枪筒里的运动时间 t；(2)钉子在枪筒中所受合力的冲量大小 I 。

解 (1)根据题意，由 $F=50-\frac{1}{3}\times10^4 t=0$ 得，$t=0.015\ \mathrm{s}$ 。

(2) $I=\int_0^{0.015}F\mathrm{d}t=\int_0^{0.015}\left(50-\frac{1}{3}\times10^4 t\right)\mathrm{d}t=0.375\ \mathrm{N\cdot s}$ 。

(二)质点及质点系的动量定理

动量定理

1. 质点的动量定理

在给定的时间内，力作用在质点上的冲量，等于质点在此时间内动量的增量，即

$$\boldsymbol{I}=\int_{t_1}^{t_2}\boldsymbol{F}\mathrm{d}t=\int_{\boldsymbol{p}_1}^{\boldsymbol{p}_2}\frac{\mathrm{d}\boldsymbol{p}}{\mathrm{d}t}\mathrm{d}t=\boldsymbol{p}_2-\boldsymbol{p}_1=m\boldsymbol{v}_2-m\boldsymbol{v}_1 \tag{1.3.1}$$

在直角坐标系中，质点的动量定理可表示为

$$\begin{cases} I_x=\int_{t_1}^{t_2}F_x\mathrm{d}t=mv_{2x}-mv_{1x} \\ I_y=\int_{t_1}^{t_2}F_y\mathrm{d}t=mv_{2y}-mv_{1y} \\ I_z=\int_{t_1}^{t_2}F_z\mathrm{d}t=mv_{2z}-mv_{1z} \end{cases} \tag{1.3.2}$$

2. 质点系的动量定理

作用于质点系的合外力的冲量等于质点系动量的增量，即

$$\boldsymbol{I}=\int_{t_1}^{t_2}\boldsymbol{F}^{\mathrm{ex}}\mathrm{d}t=\sum_{i=1}^{n}m_i\boldsymbol{v}_i-\sum_{i=1}^{n}m_i\boldsymbol{v}_{i0} \tag{1.3.3}$$

质点系中每两个质点间的内力是一对作用力和反作用力，大小相等，方向相反，其合冲量等于零。因此，内力不会改变质点系的总动量，但对每个质点而言，它都是外力，会引起其动量的变化。

3. 动量的相对性及动量定理的不变性

1)动量的相对性

对于相对做匀速直线运动的两个坐标系 $S\ (Oxyz)$ 和 $S'\ (O'x'y'z')$，质点在 S' 系中 t_1 和 t_2 时刻的动量分别为 $\boldsymbol{p}_1'=m\boldsymbol{v}_1$ 和 $\boldsymbol{p}_2'=m\boldsymbol{v}_2$，在 S 系中 t_1 和 t_2 时刻的动量分别为 $\boldsymbol{p}_1=m(\boldsymbol{v}_1+\boldsymbol{v})$ 和 $\boldsymbol{p}_2=m(\boldsymbol{v}_2+\boldsymbol{v})$，其中，$\boldsymbol{v}$ 为 S' 系相对于 S 系的速度。可见，动量的表达式在不同惯性系中不同，具有相对性。

2)动量定理的不变性

在相对做匀速直线运动的两个坐标系 $S\ (Oxyz)$ 和 $S'\ (O'x'y'z')$ 中，质点的动

量定理都可表示为 $\int_{t_1}^{t_2}\boldsymbol{F}(t)\mathrm{d}t=m\boldsymbol{v}_2-m\boldsymbol{v}_1$。动量定理的表达式在不同惯性系中相同,具有不变性。

例 1.3.2

一质量为 4 kg 的质点在大小为 $F=8t-4(\mathrm{N})$ 的变力作用下沿 x 轴正方向运动。已知 $t=0$ s 时,质点的速率 $v_0=6\ \mathrm{m\cdot s^{-1}}$,质点位于 $x_0=1$ m 处。试求质点在 t 时刻的速率和位置。

解 由动量定理得

$$F\mathrm{d}t=m\mathrm{d}v$$

则

$$\mathrm{d}v=\frac{F}{m}\mathrm{d}t=\frac{1}{m}(8t-4)\mathrm{d}t$$

两边分别积分得 $\int_6^v\mathrm{d}v=\frac{1}{m}\int_0^t(8t-4)\mathrm{d}t$,解得

$$v=t^2-t+6$$

将速度的定义式 $v=\frac{\mathrm{d}x}{\mathrm{d}t}$ 分离变量后,两边分别积分得 $\int_1^x\mathrm{d}x=\int_0^t(t^2-t+6)\mathrm{d}t$,解得

$$x=\frac{1}{3}t^3-\frac{1}{2}t^2+6t+1$$

例 1.3.3

如图 1.3.1 所示,质量为 $m=2$ kg 的质点从 O 点开始沿半径 $R=1$ m 的圆周运动,以 O 点为自然坐标系的坐标原点,已知质点的运动方程为 $s=\frac{1}{2}\pi t^2$,试求从 $t_1=\sqrt{2}$ s 到 $t_2=2$ s 这段时间内质点所受合外力的冲量。

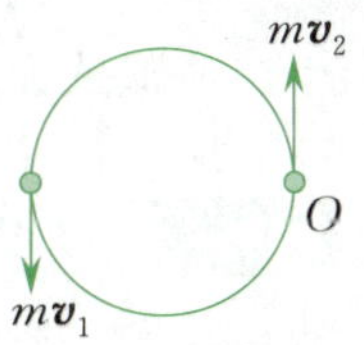

图 1.3.1 例 1.3.3 图

解 当 $t_1=\sqrt{2}$ s 时,$s_1=\frac{1}{2}\pi\cdot\sqrt{2}^2\ \mathrm{m}=\pi\ \mathrm{m}$,$\theta_1=\frac{s_1}{R}=\pi$。

当$t_2=2$ s 时,$s_2=\frac{1}{2}\pi\cdot 2^2\ \mathrm{m}=2\pi\ \mathrm{m}$,$\theta_2=\frac{s_2}{R}=2\pi$。

由于 $v=\frac{\mathrm{d}s}{\mathrm{d}t}=\pi t$,故

$$p_1=mv_1=2\sqrt{2}\pi\ \mathrm{kg\cdot m\cdot s^{-1}}\quad(方向向下)$$
$$p_2=mv_2=4\pi\ \mathrm{kg\cdot m\cdot s^{-1}}\quad(方向向上)$$
$$I=p_2+p_1$$
$$=(4+2\sqrt{2})\pi\ \mathrm{kg\cdot m\cdot s^{-1}}\quad(方向向上)$$

1.3.2 动量守恒定律

（一）质点系的动量守恒定律

动量守恒定律

若质点系所受的合外力为零，即 $\boldsymbol{F}^{ex}=\sum_i \boldsymbol{F}_i^{ex}=\boldsymbol{0}$，则系统的总动量守恒，即 $\boldsymbol{p}=\sum_i \boldsymbol{p}_i$ 保持不变。

(1)系统的动量守恒是指系统的总动量不变，系统内任意一个质点的动量是可以变化的，各质点的动量必须是对同一惯性系而言的。

(2)动量守恒定律只在惯性系中成立，是自然界的基本定律之一。

（二）动量守恒定律的应用

(1)若某一方向上系统所受合外力为零，则此方向上系统动量守恒，即

$$\begin{cases} F_x^{ex}=0, p_x=\sum m_i v_{ix}=C_x \\ F_y^{ex}=0, p_y=\sum m_i v_{iy}=C_y \\ F_z^{ex}=0, p_z=\sum m_i v_{iz}=C_z \end{cases} \tag{1.3.4}$$

其中，C_x、C_y 和C_z 为常量。

(2)在碰撞、击打、爆炸等问题中，由于 $|\boldsymbol{F}^{ex}| \ll |\boldsymbol{F}^{in}|$，故可略去外力的作用，近似认为系统动量守恒。

例 1.3.4

如图 1.3.2 所示，火箭以速率 v 水平飞行，由控制器使仪器舱和燃料舱分离，仪器舱（质量为 m_1）相对于火箭的平均速率为 v_0，燃料舱的质量为 m_2，求仪器舱和燃料舱相对于地面的速率。

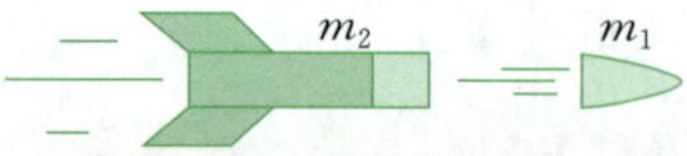

图 1.3.2　火箭示意图

解　取地面为参考系，设仪器舱和燃料舱相对于地面的速率分别为 v_1 和 v_2，火箭在水平方向上不受外力，动量守恒，则

$$(m_1+m_2)v=m_1v_1+m_2v_2 \quad ①$$

由运动的相对性可知

$$v_1=v_2+v_0 \quad ②$$

联立①、②两式，得

$$v_2=v-\frac{m_1v_0}{m_1+m_2}$$

$$v_1=v+\frac{m_2v_0}{m_1+m_2}$$

例 1.3.5

如图 1.3.3 所示，一手榴弹以速度 $\boldsymbol{v}_0$ 沿仰角 α 的方向被扔出去，在到达最高点时爆炸为质量相等的两块碎片，一块以 45° 的仰角向上飞，另一块以 30° 的俯角向下飞，求爆炸瞬间两块手榴弹碎片的速率。

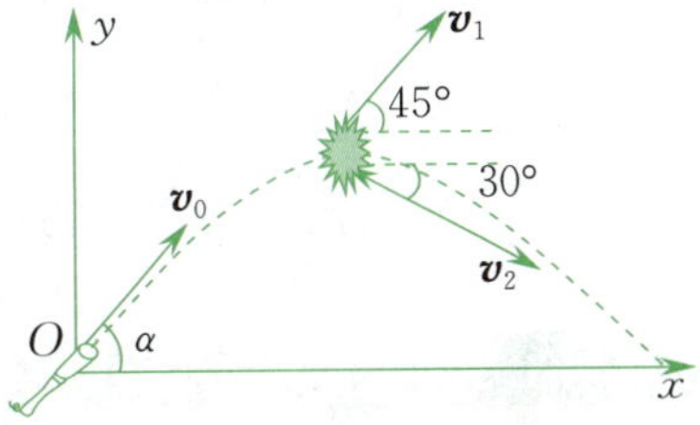

图 1.3.3 例 1.3.5 图

解 以地面为参考系，设两块手榴弹碎片的质量均为 m，速率分别为 v_1 和 v_2。手榴弹在最高点爆炸，水平方向上手榴弹不受外力，动量守恒，即

$$2mv_0\cos\alpha = mv_1\cos 45° + mv_2\cos 30° \qquad ①$$

竖直方向上，由于两块手榴弹碎片的内力远远大于重力，故动量近似守恒，即

$$0 = mv_1\sin 45° - mv_2\sin 30° \qquad ②$$

联立①、②两式得

$$v_1 = \frac{4v_0\cos\alpha}{\sqrt{2}+\sqrt{6}}$$

$$v_2 = \frac{4v_0\cos\alpha}{1+\sqrt{3}}$$

1.3.3 功 动能 动能定理

(一)功与动能

1. 功

1)功的定义

力对质点所做的功等于力在质点位移方向上的分量与位移大小的乘积，即 $W = \int \mathrm{d}W = \int F\cos\theta\,|\,\mathrm{d}\boldsymbol{r}\,| = \int \boldsymbol{F}\cdot\mathrm{d}\boldsymbol{r}$。在国际单位制中，功的单位名称是焦耳，用符号 J 表示。

功是标量，一般情况下，做功和过程有关，所以功是过程量。

2)功的计算

(1)恒力对做直线运动的质点做的功：

$$W = F\cos\theta\,|\,\Delta\boldsymbol{r}\,| = \boldsymbol{F}\cdot\Delta\boldsymbol{r} \qquad (1.3.5)$$

(2)恒力或变力对做曲线运动的质点做的功：

$$W = \int \mathrm{d}W = \int F\cos\theta\,|\,\mathrm{d}\boldsymbol{r}\,| = \int \boldsymbol{F}\cdot\mathrm{d}\boldsymbol{r} \qquad (1.3.6)$$

(3)合力做的功：

$$W = \int \sum \boldsymbol{F}_i\cdot\mathrm{d}\boldsymbol{r} = \sum\int \boldsymbol{F}_i\cdot\mathrm{d}\boldsymbol{r} = \sum W_i \qquad (1.3.7)$$

2. **动能**

物体的质量与速率平方的乘积的 1/2 定义为动能,用符号 E_k 表示,即 $E_k=\frac{1}{2}mv^2$。在国际单位制中,动能的单位名称是焦耳,用符号 J 表示。

动能是由于物体运动而具有的能量。动能是标量,动能和过程无关,是状态量。

例 1.3.6

如图 1.3.4 所示,一条长为 L、质量为 m 的匀质软绳,其一端挂在屋顶的钩子上自然下垂,再将另一端沿竖直方向提高到与钩子等高,求该过程中重力所做的功。

解 取软绳自然下垂的最低点为坐标原点,竖直向上为 y 轴正方向。

当软绳下端被提起的高度为 y 时,软绳被提起部分所受重力为

$$\boldsymbol{P}=-\frac{m}{L}\frac{1}{2}yg\boldsymbol{j}$$

软绳被提起 $\mathrm{d}y$ 的高度时,重力所做的元功为

$$\mathrm{d}W=-\frac{m}{L}\frac{1}{2}yg\,\mathrm{d}y$$

重力所做的总功为

$$W=\int\mathrm{d}W=\int_0^L\left(-\frac{m}{L}\frac{1}{2}yg\right)\mathrm{d}y=-\frac{1}{4}mgL$$

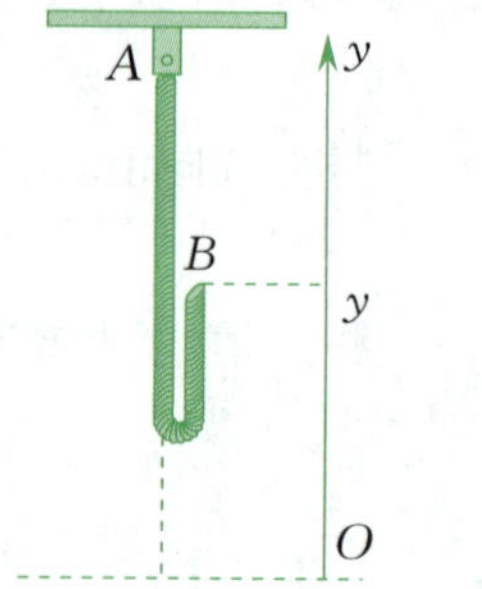

图 1.3.4 匀质软绳示意图

(二)质点及质点系的动能定理

动能定理

1. **质点的动能定理**

合外力 $\boldsymbol{F}$ 对质点所做的功等于质点动能的增量,即

$$W=\int\boldsymbol{F}\cdot\mathrm{d}\boldsymbol{r}=\int F_\tau\,|\mathrm{d}\boldsymbol{r}|=\int F_\tau\,\mathrm{d}s=\int m\frac{\mathrm{d}v}{\mathrm{d}t}\mathrm{d}s$$
$$=\int_{v_1}^{v_2}mv\,\mathrm{d}v=\frac{1}{2}mv_2^2-\frac{1}{2}mv_1^2=E_{k2}-E_{k1} \qquad (1.3.8)$$

其中,v_1 和 v_2 分别为质点在始、末位置的速率;E_{k1} 和 E_{k2} 分别为质点在始、末位置的动能。

功和动能都与参考系的选择有关,动能定理仅适用于惯性系。

2. **质点系的动能定理**

由质点的动能定理推广可得,合外力及内力对质点系所做的功等于质点系动能的增量,即

$$W=W^{\mathrm{ex}}+W^{\mathrm{in}}=\sum_i W_i^{\mathrm{ex}}+\sum_i W_i^{\mathrm{in}}=\sum_i E_{ki}-\sum_i E_{ki0}=E_k-E_{k0} \qquad (1.3.9)$$

其中,W^{ex} 为所有外力对质点系所做的功;W^{in} 为所有内力对质点系所做的功;E_{k0} 和 E_k 分别为质点系的始、末动能。

1.3.4 保守力及非保守力　势能

（一）万有引力、重力、弹性力做功

1. 万有引力做功

如图 1.3.5 所示，以质量为 m_1 的质点为参考系，质量为 m_2 的质点的位矢为 $\boldsymbol{r}$，质点m_1 对质点 m_2 的万有引力为 $\boldsymbol{F}_{21}=-G\dfrac{m_1m_2}{r^2}\boldsymbol{e}_r$，质点 m_2 的位矢发生 $\mathrm{d}\boldsymbol{r}$ 变化时，$\boldsymbol{F}_{21}$ 做的元功为 $\mathrm{d}W=\boldsymbol{F}_{21}\cdot\mathrm{d}\boldsymbol{r}=-G\dfrac{m_1m_2}{r^2}\boldsymbol{e}_r\cdot\mathrm{d}\boldsymbol{r}$，而 $\boldsymbol{e}_r\cdot\mathrm{d}\boldsymbol{r}=|\boldsymbol{e}_r|\cdot|\mathrm{d}\boldsymbol{r}|\cos\alpha=\mathrm{d}r$，则有

$$W=\int_{r_A}^{r_B}\boldsymbol{F}_{21}\cdot\mathrm{d}\boldsymbol{r}=\int_{r_A}^{r_B}\left(-G\frac{m_1m_2}{r^2}\right)\mathrm{d}r=-\left[\left(-G\frac{m_1m_2}{r_B}\right)-\left(-G\frac{m_1m_2}{r_A}\right)\right]\tag{1.3.10}$$

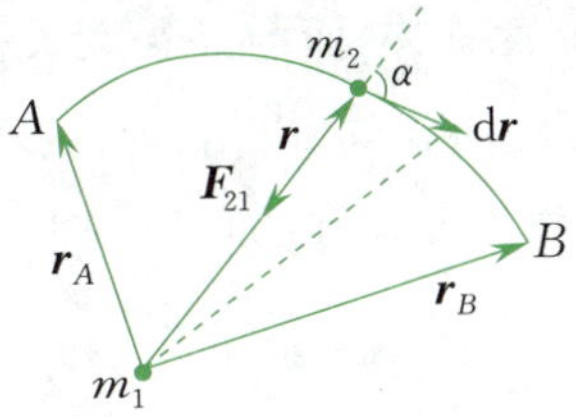

图 1.3.5　万有引力做功

2. 重力做功

如图 1.3.6 所示，质量为 m 的质点在地面上受到的重力为 $\boldsymbol{P}=-mg\boldsymbol{j}$，质点的位矢的改变量为 $\mathrm{d}\boldsymbol{r}=\mathrm{d}x\boldsymbol{i}+\mathrm{d}y\boldsymbol{j}$ 时，重力 $\boldsymbol{P}$ 做的元功为 $\mathrm{d}W=\boldsymbol{P}\cdot\mathrm{d}\boldsymbol{r}=(-mg\boldsymbol{j})\cdot(\mathrm{d}x\boldsymbol{i}+\mathrm{d}y\boldsymbol{j})=-mg\mathrm{d}y$，则有

$$W=\int_A^B\boldsymbol{P}\cdot\mathrm{d}\boldsymbol{r}=\int_{y_A}^{y_B}(-mg)\mathrm{d}y=-(mgy_B-mgy_A)\tag{1.3.11}$$

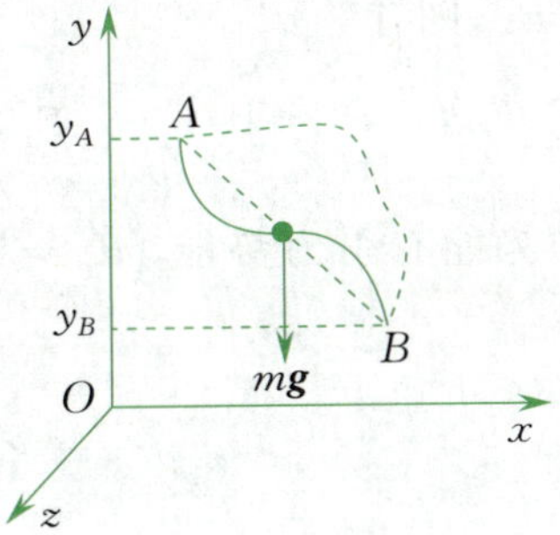

图 1.3.6　重力做功

3. 弹性力做功

如图 1.3.7 所示，弹簧振子偏离平衡位置的位移为 x 时受到的弹性力为 $\boldsymbol{F}=-kx\boldsymbol{i}$，当位矢的改变量为 $\mathrm{d}\boldsymbol{r}=\mathrm{d}x\boldsymbol{i}$ 时，弹性力 $\boldsymbol{F}$ 做的元功为 $\mathrm{d}W=\boldsymbol{F}\cdot\mathrm{d}\boldsymbol{r}=(-kx\boldsymbol{i})\cdot$

$\mathrm{d}x\boldsymbol{i}=-kx\,\mathrm{d}x$，则有

$$W=\int \boldsymbol{F}\cdot\mathrm{d}\boldsymbol{r}=\int_{x_A}^{x_B}(-kx)\mathrm{d}x=-\left(\frac{1}{2}kx_B^2-\frac{1}{2}kx_A^2\right) \tag{1.3.12}$$

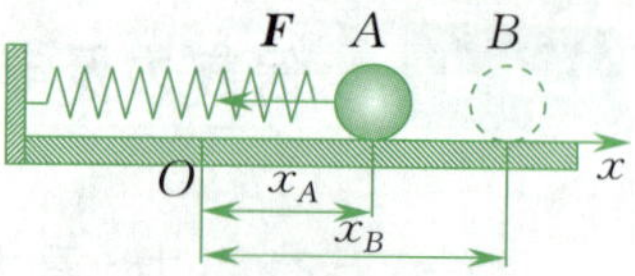

图 1.3.7　弹性力做功

（二）保守力及非保守力

1. 保守力、保守场

做功与路径无关，而仅取决于相互作用的质点的始、末位置的力统称为保守力，用 $\boldsymbol{F}_c$ 表示，如万有引力、重力、弹性力等。

保守力所做的功等于质点势能改变量的负值，即

$$W_c=-(E_{p2}-E_{p1})=-\Delta E_p \tag{1.3.13}$$

质点沿闭合路径运动一周，保守力对它所做的功等于零，即

$$\oint_l \boldsymbol{F}_c\cdot\mathrm{d}\boldsymbol{r}=0 \tag{1.3.14}$$

如果一个矢量场由某个标量势的梯度来描述，那么这个场称为保守场，保守场的曲线积分只与起点和终点位置有关，而与路径无关。

2. 非保守力

做功与路径相关的力，统称为非保守力，如摩擦力等。

（三）势能

1. 势能的定义

保守力做功、势能

保守场中，相互作用的两个或两个以上物体与其相对位置相关的能量定义为势能，用 E_p 表示。在国际单位制中，势能的单位名称是焦耳，用符号 J 表示。

势能是状态量，取决于相互作用的物体之间的相对位置。势能具有相对性，其大小取决于势能零点的选择。势能是属于系统的，单个物体没有势能的概念。

2. 势能的计算

物体在任意一点的势能等于物体从该点移动到势能零点的过程中保守力所做的功，即若 $E_{p0}(x_0,y_0,z_0)=0$，则有

$$E_p(x,y,z)=\int_{(x,y,z)}^{(x_0,y_0,z_0)}\boldsymbol{F}_c\cdot\mathrm{d}\boldsymbol{r} \tag{1.3.15}$$

在经典力学中，常见的势能有引力势能 $\left(E_p=-G\dfrac{m'm}{r}\right)$、重力势能（$E_p=mgy$）和弹性势能 $\left(E_p=\dfrac{1}{2}kx^2\right)$。

1.3.5　功能原理　机械能守恒定律

（一）质点系的功能原理

考虑到系统内保守力做的功等于势能改变量的负值，由质点系的动能定理可

得，合外力和非保守内力做的功之和等于质点系机械能的增量，即

$$W^{ex}+W_{nc}^{in}=(E_k+E_p)-(E_{k0}+E_{p0})=E-E_0 \tag{1.3.16}$$

其中，W_{nc}^{in} 为非保守内力做的功；E_0 和 E 分别为质点系的初、末机械能。动能和势能的和为机械能。

功能原理、机械能守恒定律

（二）机械能守恒定律

只有保守内力做功时，质点系的机械能保持不变，即当 $W^{ex}+W_{nc}^{in}=0$ 时，有

$$E_k+E_p=E_{k0}+E_{p0} \tag{1.3.17}$$

（三）碰撞

两个或两个以上物体相互作用时间极短而相互作用力较大的物理过程称为碰撞，由于碰撞过程中 $|\boldsymbol{F}^{ex}|\ll|\boldsymbol{F}^{in}|$，故系统的动量守恒，即

$$\sum_i \boldsymbol{p}_i=\boldsymbol{C} \tag{1.3.18}$$

碰撞

其中，$\boldsymbol{C}$ 为常矢量。

1. 弹性碰撞

两个或两个以上物体碰撞过程中只有保守内力做功，碰撞前后它们的动能之和保持不变，这种碰撞称为弹性碰撞，即

$$\sum_i E_{ki}=\sum_i E_{ki0}=C \tag{1.3.19}$$

其中，C 为常量。

例 1.3.7

如图 1.3.8 所示，长为 R 的细绳的一端固定，另一端系有质量为 m_1 的小球，现将小球在水平位置由静止下摆，当小球到达最低点时，与质量为 m_2 且静止于水平面上的木块发生弹性碰撞。求：(1) 当小球到达最低点与木块碰撞前的速率；(2) 碰撞后小球和木块的速率。

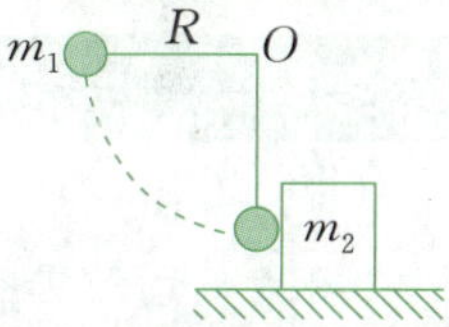

图 1.3.8　例 1.3.7 图

解　(1) 以地面为参考系，水平向右为 x 轴正方向，取小球运动的最低点为势能零点，设小球到达最低点与木块碰撞前的速率为 v_0，小球下落过程中只有保守内力（重力）做功，机械能守恒，则 $m_1gR=\frac{1}{2}m_1v_0^2$，解得 $v_0=\sqrt{2gR}$。

(2) 设碰撞后小球与木块的速率分别为 v_1 和 v_2，因为发生弹性碰撞的系统的动量和机械能均守恒，故有

$$m_1v_0=m_1v_1+m_2v_2$$

$$\frac{1}{2}m_1v_0^2=\frac{1}{2}m_1v_1^2+\frac{1}{2}m_2v_2^2$$

联立以上两式，得

$$v_1=\frac{(m_1-m_2)v_0}{m_1+m_2}$$

$$v_2=\frac{2m_1v_0}{m_1+m_2}$$

2. 非弹性碰撞

（1）两个或两个以上物体碰撞过程中有非保守内力做功，碰撞之后物体的部分动能转化为热能、声能、化学能等其他形式能量，这种碰撞称为非弹性碰撞。

（2）两个或两个以上物体碰撞过程中有非保守内力做功，碰撞之后各物体合为一体，这种碰撞称为完全非弹性碰撞。完全非弹性碰撞过程中物体的动能损耗最大。

例 1.3.8

如图 1.3.9 所示，质量为 m_2 的木块被悬挂在细绳的下端，有一质量为 m_1 的子弹以速率 v_1 沿水平方向射入木块后，子弹与木块将一起摆至高度为 h 处，试求此子弹射入木块前的速率 v_1。

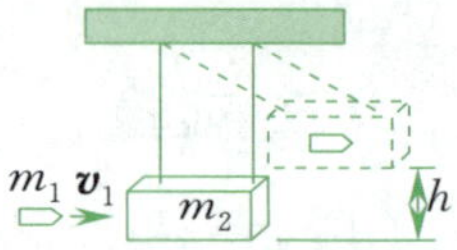

图 1.3.9　例 1.3.8 图

解　以地面为参考系，水平向右为 x 轴正方向，子弹与木块发生完全非弹性碰撞，动量守恒，则

$$m_1 v_1 = (m_1 + m_2) v_2 \qquad ①$$

子弹与木块一起摆动，只有保守内力（重力）做功，机械能守恒，则

$$\frac{1}{2}(m_1 + m_2) v_2^2 = (m_1 + m_2) g h \qquad ②$$

联立①、②两式，得

$$v_1 = \frac{m_1 + m_2}{m_1} \sqrt{2gh}$$

思考题

1.1　质点是一个理想化的模型，在哪些情况下可以把一个物体抽象为质点来处理？

1.2　运动具有相对性，参考系的选择对质点运动状态的描述有什么影响？

1.3　质点的运动状态由哪个物理量来描述？质点运动状态的改变由哪个物理量来描述？

1.4　力是改变物体运动状态的原因，力的作用效果由哪些因素来决定？

1.5　加速度和力具有瞬时对应关系，在实际的物理过程中怎么理解和应用这种关系？

1.6　动量守恒定律是否只适用于惯性系？

1.7　功的物理学本质是什么？只有哪个方向的力才能做功？

1.8　势能是系统的，也是相对的，如何理解这种说法？

1.9　弹性碰撞和非弹性碰撞的本质区别是什么？

1.10　如何定量地描述一个物体所做的机械运动？

第二章

刚体的运动

刚体的概念最早是由欧拉(L. Euler)引入的。18 世纪后期,由于天文学、造船业和机械行业的发展和需要,瑞士学者欧拉把牛顿第二定律推广到刚体,用几何方法系统地研究了刚体的定轴转动和刚体的定点运动问题,提出了后人用他的姓氏命名的欧拉角的概念,并应用三个欧拉角来表示刚体绕定点的角位移,又定义了转动惯量,建立了欧拉运动学方程和欧拉旋转定理(描述刚体的有限转动),这样就完整地建立了描述具有六个自由度的刚体普遍运动的方程。对刚体来说,内力所做的功之和为零。因此,刚体动力学就成为研究一般固体运动的近似理论。刚体的运动可以分解成刚体质心的平动和刚体绕质心的定点转动。刚体绕质心的定点转动的运动学规律可以通过引入角坐标、角位移、角速度、角加速度来定量描述,刚体绕质心的定点转动的动力学规律可以通过引入力矩、角动量、转动动能来定量描述。

本章主要包括刚体运动学、刚体动力学、角动量定理及角动量守恒定律、动能定理及机械能守恒定律四部分内容。第一部分刚体运动学主要研究刚体的运动规律,涵盖两类问题。第一类问题是已知刚体的运动方程,通过求导运算求解刚体在任意时刻的角速度和角加速度;第二类问题是已知刚体在任意时刻的角加速度、角速度和初始条件,通过积分运算求解刚体的运动方程。第二部分刚体动力学主要研究刚体运动状态的变化规律,核心问题是通过受力分析,运用转动定律建立刚体动力学方程,求解刚体所受力矩或加速度。第三部分角动量定理及角动量守恒定律主要研究力矩对时间的累积引起刚体角动量的变化规律,核心问题是运用角动量定理和角动量守恒定律求解刚体的始、末角速度。第四部分动能定理及机械能守恒定律主要研究力矩对空间的累积引起刚体动能的变化规律,核心问题是运用动能定理和机械能守恒定律求解刚体的始、末角速度。

2.1 刚体运动学

2.1.1 刚体和自由度

（一）刚体

物体在外力的作用下都会发生形变，当一个物体在外力的作用下发生的形变很小，可以忽略不计时，就可以把物体抽象为一个理想化模型——刚体，刚体上任意两点间的距离是保持不变的。

（二）自由度

确定一个刚体在空间的相对位置所需要的独立坐标数目定义为刚体自由度，简称自由度，用 i 表示。

刚体做平动时，刚体上任意两点的运动情况完全相同，任意两点的连线始终平行，刚体的平动可以看成质点的运动，质点做直线运动、平面运动和空间运动时，其自由度分别为 $i=1$、$i=2$ 和 $i=3$。刚体做转动时，刚体上所有点都绕同一直线做圆周运动，转动可分为定轴转动和定点转动，其自由度分别为 $i=1$ 和 $i=3$。刚体的一般运动可以分解成刚体质心的平动和绕质心的定点转动，其自由度为 $i=6$。

2.1.2 刚体运动的描述

刚体运动的描述

为了定量地描述刚体的运动状态，可以根据刚体所做的不同运动引入相应的物理量。

（一）刚体的平动

刚体做平动时，刚体上任意两点的运动规律完全相同，可以用刚体上任意一点来代替刚体，刚体的平动可以看成质点的运动，质点的运动规律完全适用于刚体的平动。

刚体的位矢为

$$\boldsymbol{r}=\boldsymbol{r}(t) \tag{2.1.1}$$

刚体的位移为

$$\Delta\boldsymbol{r}(t)=\boldsymbol{r}(t+\Delta t)-\boldsymbol{r}(t) \tag{2.1.2}$$

刚体的速度为

$$\boldsymbol{v}=\frac{\mathrm{d}\boldsymbol{r}}{\mathrm{d}t} \tag{2.1.3}$$

刚体的加速度为

$$\boldsymbol{a}=\frac{\mathrm{d}\boldsymbol{v}}{\mathrm{d}t} \tag{2.1.4}$$

(二)刚体的转动

1. 刚体的定轴转动

刚体做定轴转动时,刚体上各点都在做圆周运动,其角位移、角速度和角加速度都相同。

若刚体上任意一点相对于选定的坐标系的角坐标为

$$\theta=\theta(t) \tag{2.1.5}$$

则刚体的角位移为

$$\Delta\theta(t)=\theta(t+\Delta t)-\theta(t) \tag{2.1.6}$$

刚体的角速度为

$$\omega(t)=\frac{\mathrm{d}\theta(t)}{\mathrm{d}t} \tag{2.1.7}$$

刚体的角加速度为

$$\alpha(t)=\frac{\mathrm{d}\omega(t)}{\mathrm{d}t} \tag{2.1.8}$$

刚体做定轴转动时,刚体上各点的线量都不相同。刚体上任意一点的线量和角量之间的关系分别为

$$\Delta s(t)=r\Delta\theta(t) \tag{2.1.9}$$

$$v(t)=\frac{\mathrm{d}s(t)}{\mathrm{d}t}=\frac{r\,\mathrm{d}\theta(t)}{\mathrm{d}t}=r\omega(t) \tag{2.1.10}$$

$$a_{\tau}(t)=\frac{\mathrm{d}v(t)}{\mathrm{d}t}=\frac{r\,\mathrm{d}\omega(t)}{\mathrm{d}t}=r\alpha(t) \tag{2.1.11}$$

其中,r 为刚体上任意一点到定轴的距离。

2. 刚体的定点转动

刚体做定点转动时,刚体上任意一点的转动可以分解成绕自身对称轴的转动和对称轴绕定轴的进动。

刚体的进动角坐标为

$$\Omega=\Omega(t) \tag{2.1.12}$$

刚体的自旋角坐标为

$$\theta=\theta(t) \tag{2.1.13}$$

刚体的进动角速度为

$$\psi(t)=\frac{\mathrm{d}\Omega(t)}{\mathrm{d}t} \tag{2.1.14}$$

刚体的自旋角速度为

$$\omega(t)=\frac{\mathrm{d}\theta(t)}{\mathrm{d}t} \tag{2.1.15}$$

刚体的进动角加速度为

$$\beta(t)=\frac{\mathrm{d}\psi(t)}{\mathrm{d}t} \tag{2.1.16}$$

刚体的自旋角加速度为

$$\alpha(t)=\frac{\mathrm{d}\omega(t)}{\mathrm{d}t} \tag{2.1.17}$$

（三）刚体的一般运动

刚体的一般运动可以分解成刚体质心的平动和刚体绕质心的定点转动，其运动规律由上述平动和定点转动引入的物理量定量描述。

（四）刚体运动学中的两类问题

刚体运动学的核心任务就是描述刚体的运动规律，即确定刚体的运动状态随时间的变化规律。

1. 求导问题

若已知刚体的运动方程：$\boldsymbol{r}=\boldsymbol{r}(t)$（平动）、$\theta_1=\theta_1(t)$（定轴转动）、$\Omega=\Omega(t)$ 和 $\theta_2=\theta_2(t)$（定点转动），通过求导运算，可以分别求出刚体在任意时刻的平动速度 $\boldsymbol{v}(t)$ 和加速度 $\boldsymbol{a}(t)$，定轴转动角速度 $\omega_1(t)$ 和角加速度 $\alpha_1(t)$，定点转动的进动角速度 $\psi(t)$、自旋角速度 $\omega_2(t)$、进动角加速度 $\beta(t)$、自旋角加速度 $\alpha_2(t)$。

2. 积分问题

若已知刚体平动的加速度 $\boldsymbol{a}=\boldsymbol{a}(t)$ 及初始时刻的速度 $\boldsymbol{v}_0$ 和位矢 $\boldsymbol{r}_0$，通过积分运算，可以分别求出刚体在任意时刻的速度 $\boldsymbol{v}(t)$ 和位矢 $\boldsymbol{r}(t)$。

若已知刚体定轴转动的角加速度 $\alpha=\alpha(t)$ 及初始时刻的角速度 ω_0 和角坐标 θ_0，通过积分运算，可以分别求出刚体在任意时刻的角速度 $\omega(t)$ 和角坐标 $\theta(t)$。

若已知刚体定点转动的进动角加速度 $\beta=\beta(t)$、自旋角加速度 $\alpha=\alpha(t)$，以及初始时刻的进动角速度 ψ_0、自旋角速度 ω_0、进动角坐标 Ω_0、自旋角坐标 θ_0，通过积分运算，可以分别求出刚体在任意时刻的进动角速度 $\psi(t)$、自旋角速度 $\omega(t)$、进动角坐标 $\Omega(t)$、自旋角坐标 $\theta(t)$。

例 2.1.1

一飞轮在时间 t 内转过角度 $\theta=at^3-bt^2+ct-d$（SI），其中 a、b、c、d 都是常量，求它的角速度及角加速度。

解 根据角速度的定义，有

$$\omega=\frac{\mathrm{d}\theta}{\mathrm{d}t}=3at^2-2bt+c$$

根据角加速度的定义，有

$$\alpha=\frac{\mathrm{d}\omega}{\mathrm{d}t}=6at-2b$$

例 2.1.2

如图 2.1.1 所示，一条细绳索绕过一定滑轮连接一升降机，定滑轮半径为 r，如果升降机从静止开始以加速度 $\boldsymbol{a}$ 加速上升，试求：(1)定滑轮的角加速度；(2) t 时刻定滑轮的角速度及转过的圈数。

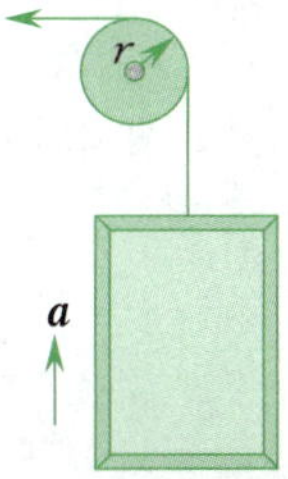

图 2.1.1 升降机示意图

解 (1)根据题意，定滑轮的切向加速度与升降机上升的加速度大小相等，即 $a_\tau = a$，而 $a_\tau = r\alpha$，故 $\alpha = \frac{a_\tau}{r} = \frac{a}{r}$。

(2)根据角加速度的定义，得 $\alpha = \frac{d\omega}{dt} = \frac{a}{r}$，分离变量后两边分别积分，得

$$\int_0^\omega d\omega = \int_0^t \frac{a}{r} dt$$

解得

$$\omega = \frac{a}{r} t$$

根据角速度的定义，得

$$\omega = \frac{d\theta}{dt} = \frac{a}{r} t$$

分离变量后两边分别积分，得

$$\int_0^\theta d\theta = \int_0^t \frac{a}{r} t \, dt$$

解得

$$\theta = \frac{a}{2r} t^2$$

则定滑轮转过的圈数为

$$N = \frac{\theta}{2\pi} = \frac{a}{4\pi r} t^2$$

2.2 刚体动力学

2.2.1 力矩

(一)力矩的定义

力 $\boldsymbol{F}$ 对某一参考点的力矩 $\boldsymbol{M}$ 定义为

$$\boldsymbol{M} = \boldsymbol{r} \times \boldsymbol{F} \tag{2.2.1}$$

其中，$\boldsymbol{r}$ 为由参考点指向力 $\boldsymbol{F}$ 的作用点的位矢。

力矩的大小为

$$M = rF\sin\theta \tag{2.2.2}$$

其中，θ 为 $\boldsymbol{r}$ 与 $\boldsymbol{F}$ 的夹角。

力矩的方向：垂直于位矢 $\boldsymbol{r}$ 和力 $\boldsymbol{F}$ 确定的平面且满足右手螺旋定则。

（二）力矩的计算

1. 外力矩

作用到做定轴转动的刚体上的外力 $\boldsymbol{F}$ 可分解为垂直于转轴方向的分量 $\boldsymbol{F}_{\perp}$ 和平行于转轴方向的分量 $\boldsymbol{F}_{//}$ 。因此，作用到做定轴转动的刚体上任意一点沿转轴方向的外力矩的大小等于位矢大小和切向力大小的乘积，即

$$M = rF_{\perp}\sin\theta = rF_{\tau} \tag{2.2.3}$$

2. 内力矩

刚体内各质点间的作用力对转轴的合内力矩为零，即

$$\boldsymbol{M} = \sum \boldsymbol{M}_{ij} = \boldsymbol{0} \tag{2.2.4}$$

3. 合力矩

合力矩等于各分力矩的矢量和，即

$$\boldsymbol{M} = \boldsymbol{M}_1 + \boldsymbol{M}_2 + \boldsymbol{M}_3 + \cdots + \boldsymbol{M}_n = \sum_{i=1}^{n} \boldsymbol{M}_i \tag{2.2.5}$$

例 2.2.1

如图 2.2.1 所示，一质量为 m 、长为 L 的均匀细棒可在水平桌面上绕通过其一端的固定轴转动，已知细棒与桌面的滑动摩擦系数为 μ ，求细棒转动时受到的摩擦力矩的大小。

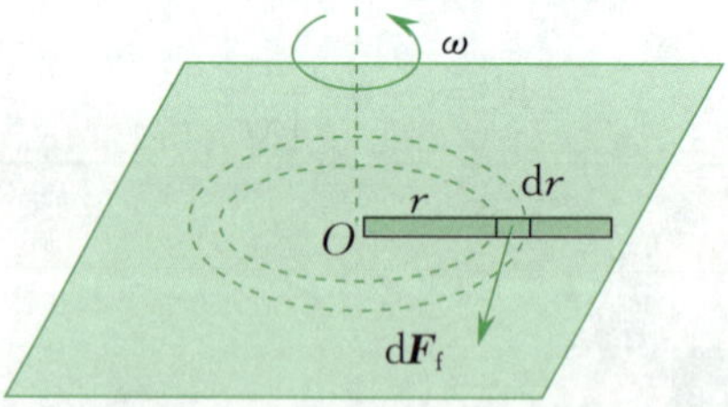

图 2.2.1　例 2.2.1 图

解　在距转轴 r 的位置处取一段质量为 $\mathrm{d}m$ 的质元，该质元受到的摩擦力矩的大小为

$$\mathrm{d}M_{\mathrm{f}} = r\mathrm{d}F_{\mathrm{f}} = r(\mu\mathrm{d}mg) = \frac{\mu mg}{L}r\mathrm{d}r$$

则

$$M = \frac{\mu mg}{L}\int_0^L r\mathrm{d}r = \frac{1}{2}\mu mgL$$

2.2.2 转动惯量

(一)转动惯量的定义

转动惯量是表征物体转动时惯性大小的量度,用 J 表示。在国际单位制中,转动惯量的单位是 $\text{kg}\cdot\text{m}^2$。物体的转动惯量的大小与其质量的分布和转轴的位置有关。

(二)转动惯量的计算

(1)质点绕定轴转动的转动惯量为

$$J=mr^2 \tag{2.2.6}$$

(2)质点系绕定轴转动的转动惯量为

$$J=\sum_{i=1}^{n}\Delta m_i r_i^2 \tag{2.2.7}$$

(3)刚体绕定轴转动的转动惯量为

$$J=\int r^2\mathrm{d}m \tag{2.2.8}$$

例 2.2.2

如图 2.2.2 所示,一质量为 m 、长为 L 的均匀细棒做定轴转动。试求:(1)转轴通过细棒一端且垂直于细棒时的转动惯量;(2)转轴通过细棒中点且垂直于细棒时的转动惯量。

解 (1)如图 2.2.2(a)所示,在到坐标原点 O 的距离为 r 的位置取线元 $\mathrm{d}r$,该线元的质量为 $\mathrm{d}m=\frac{m}{L}\mathrm{d}r$,转动惯量为 $\mathrm{d}J=r^2\mathrm{d}m=\frac{m}{L}r^2\mathrm{d}r$,则 $J=\frac{m}{L}\int_0^L r^2\mathrm{d}r=\frac{1}{3}mL^2$。

(2)如图 2.2.2(b)所示,在到坐标原点 O 的距离为 r 的位置取线元 $\mathrm{d}r$,该线元的质量为 $\mathrm{d}m=\frac{m}{L}\mathrm{d}r$,转动惯量为 $\mathrm{d}J=r^2\mathrm{d}m=\frac{m}{L}r^2\mathrm{d}r$,则 $J=\frac{2m}{L}\int_0^{\frac{L}{2}} r^2\mathrm{d}r=\frac{1}{12}mL^2$。

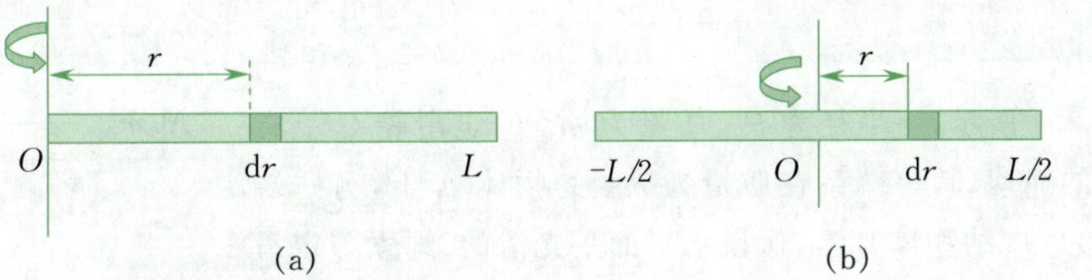

图 2.2.2 例 2.2.2 图

例 2.2.3

如图 2.2.3 所示,有一质量为 m 、半径为 R 的均匀圆盘,试求该圆盘以通过其圆心 O 的垂直轴为转轴的转动惯量。

解 在到圆心 O 的距离为 r 的位置取面元 $\mathrm{d}S = 2\pi r\mathrm{d}r$，该面元的质量 $\mathrm{d}m = \dfrac{m}{\pi R^2}2\pi r\mathrm{d}r = \dfrac{2m}{R^2}r\mathrm{d}r$，转动惯量为 $\mathrm{d}J = r^2\mathrm{d}m = \dfrac{2m}{R^2}r^3\mathrm{d}r$，则 $J = \dfrac{2m}{R^2}\int_0^R r^3\mathrm{d}r = \dfrac{1}{2}mR^2$。

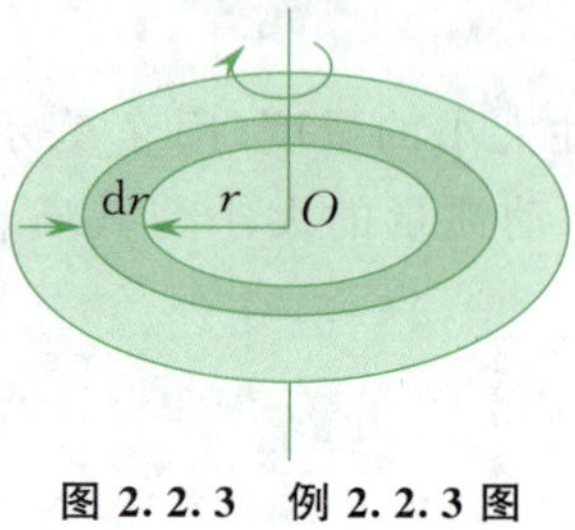

图 2.2.3 例 2.2.3 图

2.2.3 转动定律及其应用

转动定律

（一）转动定律

刚体定轴转动的角加速度与它所受的合外力矩成正比，与刚体的转动惯量成反比，即

$$M = J\alpha \tag{2.2.9}$$

转动定律适用于质点和刚体问题，在惯性系中才成立。

（二）转动定律的应用

转动定律在解决质点和刚体定轴转动问题中有重要应用，基本解题思路：首先，选择惯性系，确定研究对象，进行受力分析；其次，建立坐标系，根据转动定律列动力学方程；然后，利用其他内在联系列补充方程；最后，先解出所求量的表达式，再代入数值计算结果。

例 2.2.4

如图 2.2.4 所示，一半径为 R、质量为 m_C 的定滑轮 C 上有一质量不计的绳索，其一端系在质量为 m_A 的物体 A 上，另一端系在一质量为 m_B 的物体 B 上，假设水平面是光滑的，绳索与定滑轮 C 间的摩擦力忽略不计，试求：(1)两物体的加速度大小和绳索两端的张力大小；(2)物体 B 从静止开始下落 h 高度时的速率。

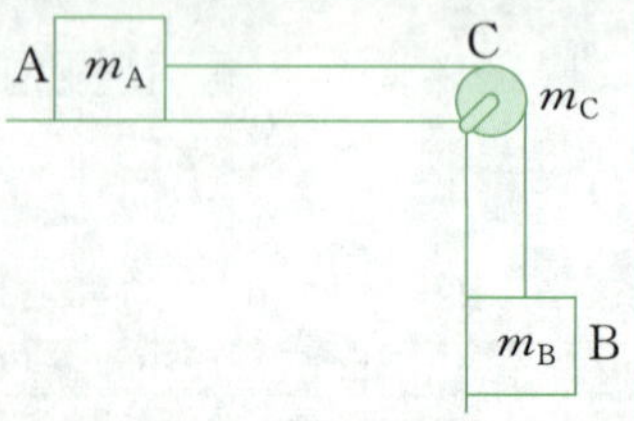

图 2.2.4 例 2.2.4 图

解 (1)以地面为参考系，分别对两物体 A、B 和定滑轮 C 进行受力分析，运用牛顿第二定律和转动定律列动力学方程。

物体 A：

$$F_{T1}=m_{A}a$$

物体 B：

$$m_{B}g-F_{T2}=m_{B}a$$

定滑轮 C：

$$RF_{T2}-RF_{T1}=J\alpha$$

$$a=R\alpha$$

联立以上四式，得

$$a=\frac{m_{B}g}{m_{A}+m_{B}+m_{C}/2}$$

$$F_{T1}=\frac{m_{A}m_{B}g}{m_{A}+m_{B}+m_{C}/2}$$

$$F_{T2}=\frac{(m_{A}+m_{C}/2)m_{B}g}{m_{A}+m_{B}+m_{C}/2}$$

(2)物体 B 从静止开始做匀加速直线运动，下落 h 高度时的速率为

$$v=\sqrt{2ah}=\sqrt{\frac{2m_{B}gh}{m_{A}+m_{B}+m_{C}/2}}$$

例 2.2.5

在打开电风扇的电源后，风扇经过 t_1 时间达到额定角速度 ω_0，当关闭其电源后，经过 t_2 时间风扇停转，已知风扇的转动惯量为 J，如果摩擦阻力矩和电动机的电磁力矩均为常量，求电动机的电磁力矩大小 M。

解 根据题意，由转动定律得，打开电风扇的电源后，有

$$M-M_{f}=J\alpha_{1}$$

关闭电风扇的电源后，有

$$-M_{f}=J\alpha_{2}$$

而

$$\omega_{0}=\alpha_{1}t_{1}=\alpha_{2}t_{2}$$

联立以上三式，得

$$M=J\omega_{0}\left(\frac{1}{t_{1}}+\frac{1}{t_{2}}\right)$$

2.3 角动量定理及角动量守恒定律

2.3.1 冲量矩 角动量

（一）冲量矩

力矩对时间的积分定义为冲量矩，即 $\boldsymbol{I}=\int_{t_1}^{t_2}\boldsymbol{M}\mathrm{d}t$ ，冲量矩是矢量，其方向与角动量的改变量方向一致。

（二）角动量

1. 角动量的定义

位矢与动量的矢积定义为角动量，用 $\boldsymbol{L}$ 表示。在国际单位制中，角动量的单位是 $\mathrm{kg}\cdot\mathrm{m}^2\cdot\mathrm{s}^{-1}$。

2. 角动量的计算

（1）质点相对于参考点的角动量为

$$\boldsymbol{L}=\boldsymbol{r}\times\boldsymbol{p}=\boldsymbol{r}\times m\boldsymbol{v} \tag{2.3.1}$$

其中，$\boldsymbol{r}$ 为质点相对于参考点的位矢；$\boldsymbol{v}$ 为质点的速度。

质点做圆周运动时角动量大小为

$$L=rmv=r^2m\omega=J\omega \tag{2.3.2}$$

其中，ω 为质点转动的角速度；J 为质点的转动惯量。

角动量的方向：垂直于位矢 $\boldsymbol{r}$ 和 $\boldsymbol{v}$ 确定的平面且满足右手螺旋定则。

（2）质点系绕定轴转动的角动量为

$$\boldsymbol{L}=\sum_{i=1}^{n}\boldsymbol{r}_i\times\boldsymbol{p}_i=\sum_{i=1}^{n}\boldsymbol{r}_i\times m_i\boldsymbol{v}_i \tag{2.3.3}$$

其大小为

$$L=\sum_{i=1}^{n}r_im_iv_i=\sum_{i=1}^{n}r_i^2m_i\omega=J\omega \tag{2.3.4}$$

其方向：垂直于位矢 $\boldsymbol{r}_i$ 和 $\boldsymbol{v}_i$ 确定的平面且满足右手螺旋定则。

（3）刚体绕定轴转动的角动量为

$$\boldsymbol{L}=\int\boldsymbol{r}\times\mathrm{d}\boldsymbol{p}=\int\mathrm{d}m\boldsymbol{r}\times\boldsymbol{v} \tag{2.3.5}$$

其大小为

$$L=\int r\mathrm{d}mv=\int r^2\mathrm{d}m\omega=J\omega \tag{2.3.6}$$

其方向：垂直于位矢 $\boldsymbol{r}$ 和 $\boldsymbol{v}$ 确定的平面且满足右手螺旋定则。

2.3.2 刚体定轴转动的角动量定理

力矩对时间的积分等于刚体角动量的变化量，即

$$\int_{t_1}^{t_2} M\mathrm{d}t=\int_{L_1}^{L_2}\mathrm{d}L=J\omega_2-J\omega_1 \tag{2.3.7}$$

2.3.3 刚体定轴转动的角动量守恒定律

若作用在刚体上的合外力矩大小 $M=0$，则刚体的角动量守恒，即 $L=J\omega=$常量。

角动量守恒定律

(1)内力矩不会改变刚体的角动量。

(2)在碰撞问题中，因为 $M^{\mathrm{in}}\gg M^{\mathrm{ex}}$，故角动量近似守恒。

(3)角动量守恒定律是自然界中一条基本守恒定律。

在日常生活中，很多问题都可以用角动量守恒定律来解释。例如，花样滑冰运动员滑冰时，冰刀和冰面之间的外力矩很小，可以近似认为运动员的角动量($L=J\omega$)守恒。当运动员伸展身体时，其转动惯量 J 增大，角速度 ω 减小；反之，运动员收缩身体时，其转动惯量 J 减小，角速度 ω 增大，而其角动量保持不变。对于跳水运动员也是如此，运动员打开身体时，其转动惯量 J 增大，角速度 ω 减小；反之，运动员蜷曲身体时，其转动惯量 J 减小，角速度 ω 增大，而其角动量保持不变。此外，航天器的姿态调整也用到了角动量守恒定律。当航天器上的飞轮在电动机的带动下发生转动时，由于内力矩不会改变刚体的角动量，飞轮和航天器组成的系统角动量守恒，故航天器必然朝着相反方向转动，从而达到调整姿态的目的。

例 2.3.1

一滑冰者伸展双臂以角速度 ω_0 转动，转动惯量为 J_0，然后他将手臂收回，使转动惯量减小为原来的 $\frac{2}{5}$，求此时的角速度。

解 滑冰者在滑冰过程中所受外力矩为零，其角动量守恒，则由题意得

$$J_0\omega_0=\frac{2}{5}J_0\omega$$

解得

$$\omega=\frac{5}{2}\omega_0$$

例 2.3.2

如图 2.3.1 所示，一转动惯量为 J_1 的航天器中部有一个转动惯量为 J_2 的飞轮，为了调整航天器的飞行姿态，试求飞轮的角速度为 ω_2 时航天器的角速度。

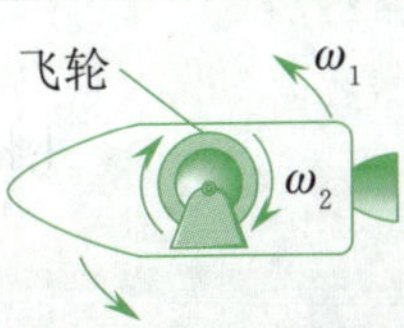

图 2.3.1 航天器

解 内力矩不会改变系统的角动量，故飞轮和航天器组成的系统的角动量守恒，则

$$0=J_1\omega_1+J_2\omega_2$$

解得

$$\omega_1=-\frac{J_2}{J_1}\omega_2$$

2.4 动能定理及机械能守恒定律

2.4.1 力矩做功 转动动能

（一）力矩做功

根据功的定义，作用到刚体上任意一点的外力 $\boldsymbol{F}$ 做的元功为 $\mathrm{d}W=\boldsymbol{F}\cdot\mathrm{d}\boldsymbol{r}=F_\tau\mathrm{d}s=F_\tau r\mathrm{d}\theta=M\mathrm{d}\theta$，两边分别积分，得力矩做的功为

$$W=\int_{\theta_1}^{\theta_2}M\mathrm{d}\theta \tag{2.4.1}$$

（二）力矩的功率

力矩在单位时间内做的功定义为功率，即

$$P=\frac{\mathrm{d}W}{\mathrm{d}t}=M\frac{\mathrm{d}\theta}{\mathrm{d}t}=M\omega \tag{2.4.2}$$

（三）转动动能

1. 质点的转动动能

质点的转动动能为

$$E_\mathrm{k}=\frac{1}{2}mv^2=\frac{1}{2}mr^2\omega^2=\frac{1}{2}J\omega^2 \tag{2.4.3}$$

2. 质点系的转动动能

质点系的转动动能为

$$E_\mathrm{k}=\sum_{i=1}^{n}\frac{1}{2}m_iv_i^2=\frac{1}{2}\left(\sum_{i=1}^{n}m_ir_i^2\right)\omega_i^2=\sum_{i=1}^{n}\frac{1}{2}J_i\omega_i^2 \tag{2.4.4}$$

3. 刚体的转动动能

刚体的转动动能为

$$E_\mathrm{k}=\int\frac{1}{2}\mathrm{d}mv^2=\frac{1}{2}\left(\int\mathrm{d}mr^2\right)\omega^2=\frac{1}{2}J\omega^2 \tag{2.4.5}$$

例 2.4.1

如图 2.4.1 所示，有一根长为 l 、质量为 m 的均匀细棒，最初细棒静止在水平位置，试求细棒下摆 θ 角时重力矩所做的功。

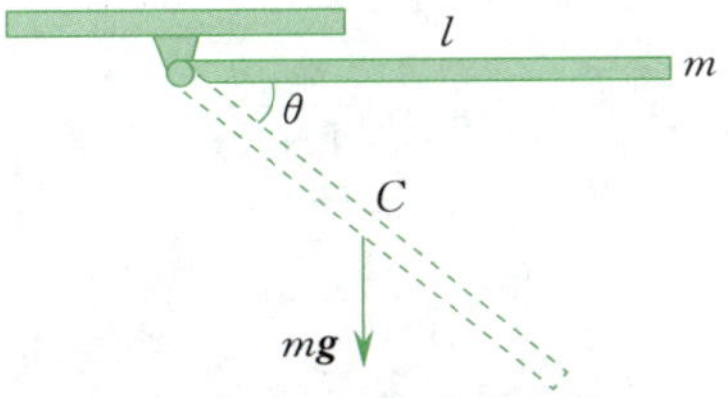

图 2.4.1 例 2.4.1 图

解 重力集中于质心所产生的力矩为

$$M=\frac{1}{2}mgl\cos\theta$$

重力矩所做的功为

$$W=\int_0^\theta M\mathrm{d}\theta=\int_0^\theta\frac{1}{2}mgl\cos\theta\,\mathrm{d}\theta=\frac{1}{2}mgl\sin\theta$$

2.4.2 刚体定轴转动的动能定理

刚体的能量

合外力矩对绕定轴转动的刚体所做的功等于刚体转动动能的增量，即

$$W=\int_{\theta_1}^{\theta_2}M\mathrm{d}\theta=\int_{\theta_1}^{\theta_2}J\frac{\mathrm{d}\omega}{\mathrm{d}t}\mathrm{d}\theta=\int_{\omega_1}^{\omega_2}J\omega\mathrm{d}\omega=\frac{1}{2}J\omega_2^2-\frac{1}{2}J\omega_1^2 \qquad (2.4.6)$$

例 2.4.2

如图 2.4.2 所示，有一质量为 M 、半径为 R 的圆盘，圆盘上绕有细绳，其一端挂有质量为 m 的物体。设细绳不伸长且与圆盘间无相对滑动，试求物体由静止开始下落 h 高度时速度的大小。

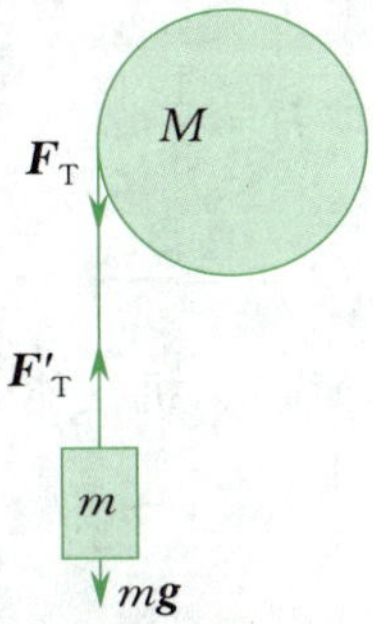

图 2.4.2 例 2.4.2 图

解 以地面为参考系，对于圆盘，由动能定理得

$$F_TR\Delta\theta=\frac{1}{2}J\omega^2-0$$

对于物体，由动能定理得

$$mgh - F'_T h = \frac{1}{2}mv^2 - 0$$

而 $h = R\Delta\theta$，$v = R\omega$，$J = MR^2/2$，$F_T = F'_T$，解得

$$v = 2\sqrt{\frac{mgh}{M+2m}}$$

2.4.3 刚体定轴转动的机械能守恒定律

只有保守内力做功时，刚体的机械能保持不变，即当 $W^{ex} + W^{in}_{nc} = 0$ 时，有

$$E_k + E_p = E_{k0} + E_{p0} \tag{2.4.7}$$

例 2.4.3

如图 2.4.3 所示，把一单摆和与其等长的均匀直杆悬挂在同一高度，杆与摆球的质量均为 m，将摆球拉到高度 h_0 处，使它从静止开始下摆并在最低位置处和直杆发生弹性碰撞。试求碰撞后直杆下端到达的最大高度 h。

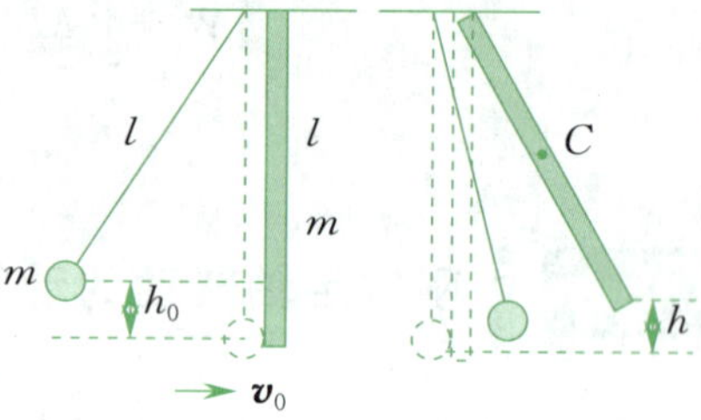

图 2.4.3　例 2.4.3 图

解　摆球自由下摆过程中，只有保守力（重力）做功，机械能守恒，则

$$mgh_0 = \frac{1}{2}mv_0^2$$

摆球和直杆发生弹性碰撞过程中，角动量和机械能都守恒，则

$$mlv_0 = J\omega + mlv$$

$$\frac{1}{2}mv_0^2 = \frac{1}{2}mv^2 + \frac{1}{2}J\omega^2$$

直杆的转动惯量为

$$J = \frac{1}{3}ml^2$$

解得

$$\omega = \frac{3v_0}{2l}$$

碰撞后直杆上摆，只有保守力（重力）做功，机械能守恒，则

$$\frac{1}{2}J\omega^2 = mgh_C$$

解得

$$h_C = \frac{3}{4}h_0$$

由几何关系得

$$h = 2h_C = \frac{3}{2}h_0$$

思考题

2.1 刚体是一个理想化的模型,在什么情况下可以把一个物体抽象为刚体来处理?

2.2 如何根据刚体的实际运动建立坐标系?

2.3 刚体的运动状态由哪些物理量来描述?刚体运动状态的改变由哪些物理量来描述?

2.4 刚体的转动惯量受哪些因素影响?在日常生活中如何加以应用?

2.5 力矩是改变物体转动状态的原因,力矩的大小和方向由哪些物理量来决定?

2.6 角加速度和力矩具有瞬时对应关系,如何利用转动定律解决实际问题?

2.7 角动量是描述物体转动状态的物理量,角动量的大小和方向由哪些物理量来决定?

2.8 角动量守恒定律在哪些实际过程中有体现?

2.9 力矩做功引起刚体转动动能的改变,如何理解和应用此规律?

2.10 如何应用机械能守恒定律来解决实际问题?

第三章
机械振动及机械波

1656—1657 年，荷兰物理学家惠更斯(C. Huygens)首次提出物理摆的理论，并创制了单摆机械钟。20 世纪初，人们关心的机械振动问题主要集中在避免共振上，研究的重点是机械结构的固有频率和振型的确定。1921 年，德国的霍尔泽(H. Holzer)提出轴系扭转振动的固有频率和振型的计算方法。20 世纪 30 年代，机械振动的研究开始由线性振动发展到非线性振动。20 世纪 50 年代以来，机械振动的研究从规则的振动发展到要用概率和统计的方法才能描述其规律的不规则振动——随机振动。由于自动控制理论和电子计算机的发展，过去认为非常困难的多自由度系统的计算已成为容易解决的问题。振动理论和实验技术的发展，使振动分析成为机械设计中的一种重要工具。机械振动的运动规律可以通过振动方程、振动速度和加速度来定量描述。机械振动在弹性介质中传播形成机械波，机械波的传播规律可以通过波函数来描述。

本章主要包括机械振动和机械波两部分内容。第一部分机械振动主要研究简谐振动的运动及合成规律，核心问题是通过解析法或旋转矢量法求解简谐振动的振动方程及合振动方程。第二部分机械波主要研究机械波的形成及传播规律，核心问题是通过振源的振动状态及波的传播过程求解波函数。

3.1 机械振动

当一个物体在周期性外力或外力矩的作用下在某个位置附近做周期性往复运动时，这种运动称为机械振动。在自然界中，地震、海浪起伏、发声体振动、心脏跳动、晶体内原子振动等都属于机械振动。

3.1.1 简谐振动

(一)简谐振动的定义

弹簧振子、单摆、角简谐振子等理想化模型在与位移或角位移大小成正比而方向相反的力或力矩的作用下所做的机械振动统称为简谐振动。

简谐振动是一种最简单、最基本的机械振动，任何一种机械振动都可以分解成若干个简谐振动。

简谐振动

(二)几种常见的简谐振动

1. 弹簧振子的振动

如图 3.1.1 所示，对于质量为 m 、刚度系数为 k 的弹簧振子系统，当振子偏离平衡位置的位移为 x 时，由胡克定律得 $F=-kx$ ，再由牛顿第二定律得 $F=ma=m\dfrac{d^2x}{dt^2}$ ，联立此两式并整理得 $\dfrac{d^2x}{dt^2}+\dfrac{k}{m}x=0$，令 $\psi^2=k/m$ ，可得弹簧振子的运动微分方程为$\dfrac{d^2x}{dt^2}+\psi^2x=0$，解得弹簧振子的振动方程为

$$x=A\cos(\psi t+\varphi) \tag{3.1.1}$$

弹簧振子的速度大小为

$$v=\frac{dx}{dt}=-A\psi\sin(\psi t+\varphi) \tag{3.1.2}$$

弹簧振子的加速度大小为

$$a=\frac{d^2x}{dt^2}=-A\psi^2\cos(\psi t+\varphi) \tag{3.1.3}$$

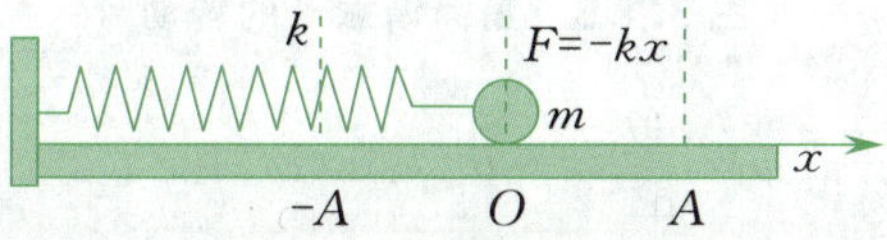

图 3.1.1 弹簧振子系统

2. 单摆的小角度摆动

如图3.1.2所示，对于摆球质量为 m 、悬线长度为 l 的单摆，当单摆偏离平衡位置的角度为 $\theta(\theta \leqslant 5°)$ 时，通过受力分析得 $M = -mgl\sin\theta \approx -mgl\theta$ ，再由转动定律得 $M = J\alpha = ml^2\dfrac{d^2\theta}{dt^2}$ ，联立此两式并整理得 $\dfrac{d^2\theta}{dt^2} + \dfrac{g}{l}\theta = 0$，令 $\psi^2 = \dfrac{g}{l}$ ，可得单摆的运动微分方程为 $\dfrac{d^2\theta}{dt^2} + \psi^2\theta = 0$，解得单摆的振动方程为

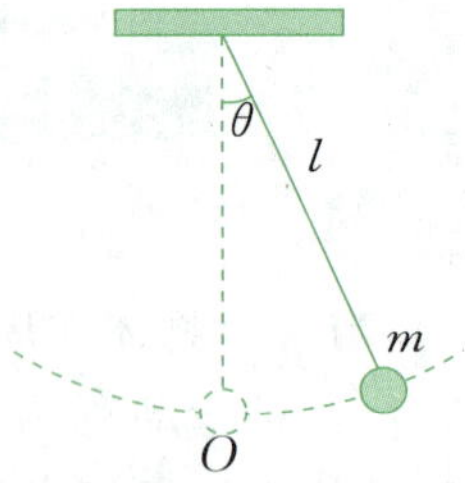

图3.1.2 单摆的小角度摆动

$$\theta = \theta_m \cos(\psi t + \varphi) \tag{3.1.4}$$

单摆的角速度为

$$\omega = \frac{d\theta}{dt} = -\theta_m \psi \sin(\psi t + \varphi) \tag{3.1.5}$$

单摆的角加速度为

$$\alpha = \frac{d^2\theta}{dt^2} = -\theta_m \psi^2 \cos(\psi t + \varphi) \tag{3.1.6}$$

3. 角简谐振子的转动

如图3.1.3所示，对于转动惯量为 J 、扭转系数为 k 的角简谐振子，当其扭转的角度为 θ 时，有 $M = -k\theta$ ，再由转动定律得 $M = J\alpha = J\dfrac{d^2\theta}{dt^2}$ ，联立此两式并整理得 $\dfrac{d^2\theta}{dt^2} + \dfrac{k}{J}\theta = 0$，令 $\psi^2 = k/J$ ，可得角简谐振子的运动微分方程为 $\dfrac{d^2\theta}{dt^2} + \psi^2\theta = 0$，解得角简谐振子的振动方程为

$$\theta = \theta_m \cos(\psi t + \varphi) \tag{3.1.7}$$

角简谐振子的角速度为

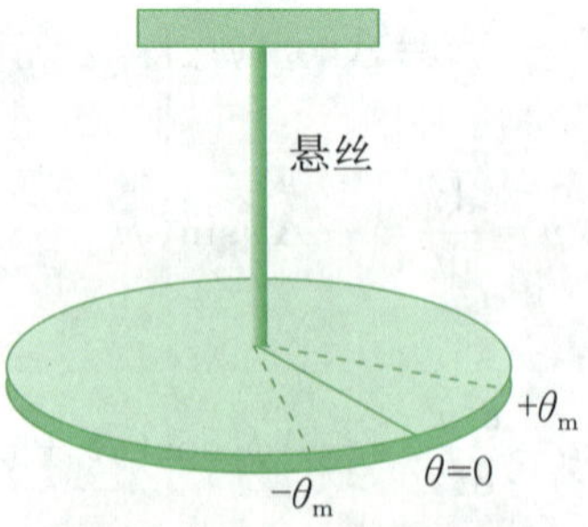

图3.1.3 角简谐振子的转动

$$\omega = \frac{d\theta}{dt} = -\theta_m \psi \sin(\psi t + \varphi) \tag{3.1.8}$$

角简谐振子的角加速度为

$$\alpha = \frac{d^2\theta}{dt^2} = -\theta_m \psi^2 \cos(\psi t + \varphi) \tag{3.1.9}$$

(三)振幅　周期　相位

简谐振动的振幅、周期、相位

1. 振幅

物体偏离平衡位置的最大位移或角位移的绝对值定义为振幅,振幅由振动的初始条件确定。

2. 周期

为了定量判断物体振动的快慢,可以通过引入周期和频率来描述。

物体发生一次全振动所经历的时间定义为周期,用 T 表示,单位是 s。

物体单位时间内发生的全振动的次数定义为频率,用 ν 表示,单位是 Hz。

根据定义可得周期和频率之间的关系为

$$T=\frac{1}{\nu} \tag{3.1.10}$$

振动方程中引入的参数 ψ 称为角频率,也称为圆频率,单位是 $\mathrm{rad\cdot s^{-1}}$。考虑到余弦函数的周期性,可得 $T=\dfrac{2\pi}{\psi}$。

根据弹簧振子、单摆和角简谐振子的振动方程,可分别求得其周期为

$$T=\frac{2\pi}{\psi}=2\pi\sqrt{\frac{m}{k}}\text{(弹簧振子)} \tag{3.1.11}$$

$$T=\frac{2\pi}{\psi}=2\pi\sqrt{\frac{l}{g}}\text{(单摆)} \tag{3.1.12}$$

$$T=\frac{2\pi}{\psi}=2\pi\sqrt{\frac{J}{k}}\text{(角简谐振子)} \tag{3.1.13}$$

显然,简谐振动的周期和频率只由振动系统的固有属性决定,称为固有周期和固有频率。

3. 相位

弹簧振子、单摆和角简谐振子的振动状态由其位矢 $\boldsymbol{x}$(角坐标 θ)和速度 $\boldsymbol{v}$(角速度 ω)描述,而 (x,v) 或 (θ,ω) 完全由相位 $\psi t+\varphi$ 确定,存在一一对应的关系。

相位在 $0\sim 2\pi$ 内变化的过程中,质点无相同的运动状态。相位相差 $2k\pi(k=0,1,2,\cdots)$ 的质点的运动状态完全相同,初相位 $\varphi(t=0)$ 描述质点初始时刻的运动状态,在一个周期内 φ 的取值范围可以是 $[0,2\pi]$ 或 $[-\pi,\pi]$。

4. 振幅 A 和初相位 φ 的确定

对于弹簧振子,将初始条件 $t=0, x=x_0, v=v_0$ 分别代入振动方程 $x=A\cos(\psi t+\varphi)$ 和振动速率表达式 $v=-A\psi\sin(\psi t+\varphi)$,得 $x_0=A\cos\varphi$ 和 $v_0=-\psi A\sin\varphi$,联立此两式,解得

$$A=\sqrt{x_0^2+\frac{v_0^2}{\psi^2}} \tag{3.1.14}$$

$$\varphi=\arctan\frac{-v_0}{\psi x_0} \tag{3.1.15}$$

对于单摆和角简谐振子，将初始条件 $t=0,\theta=\theta_0,\omega=\omega_0$ 分别代入振动方程 $\theta=\theta_m\cos(\psi t+\varphi)$ 和振动角速率表达式 $\omega=-\theta_m\psi\sin(\psi t+\varphi)$，得 $\theta_0=\theta_m\cos\varphi$ 和 $\omega_0=-\psi\theta_m\sin\varphi$，联立此两式，解得

$$\theta_m=\sqrt{\theta_0^2+\frac{\omega_0^2}{\psi^2}} \tag{3.1.16}$$

$$\varphi=\arctan\frac{-\omega_0}{\psi\theta_0} \tag{3.1.17}$$

例 3.1.1

如图 3.1.4 所示，已知弹簧振子的振幅和角频率分别为 A 和 ψ，当 $t=0$ 时，$x=0,v>0$，求该弹簧振子的振动方程。

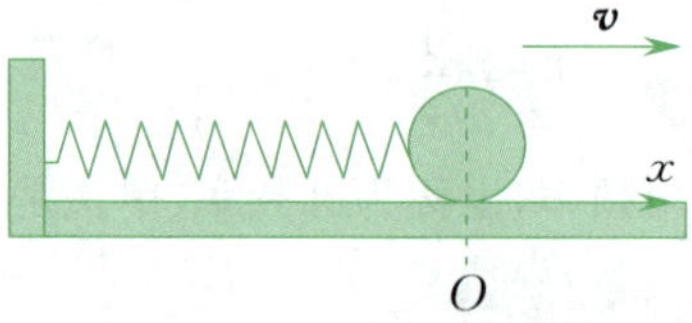

图 3.1.4 弹簧振子

解 根据已知条件 $t=0,x=0$ 得

$$A\cos\varphi=0$$

解得

$$\varphi=\pm\frac{\pi}{2}$$

由 $v_0=-A\psi\sin\varphi>0$，可知 $\sin\varphi<0$，则 $\varphi=-\frac{\pi}{2}$。故弹簧振子的振动方程为

$$x=A\cos\left(\psi t-\frac{\pi}{2}\right)$$

例 3.1.2

如图 3.1.5 所示，对于绳长为 L、绳的质量可以忽略不计的单摆，$t=0$ 时刻 $\theta=\frac{1}{2}\theta_m,\omega<0$，求该单摆的振动方程。

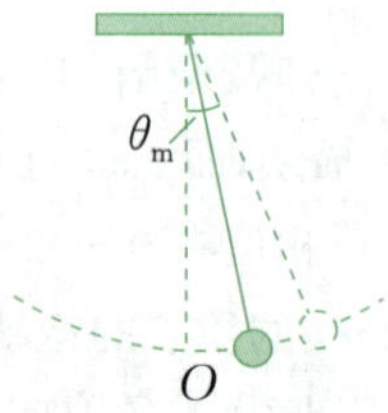

图 3.1.5 单摆

解 根据已知条件 $t=0,\theta=\frac{1}{2}\theta_m$，得 $\theta_m\cos\varphi=\frac{1}{2}\theta_m$，解得

$$\varphi=\pm\frac{\pi}{3}$$

由 $\omega_0=-\psi\theta_m\sin\varphi<0$，可知 $\sin\varphi>0$，则 $\varphi=\frac{\pi}{3}$。故单摆的振动方程为

$$\theta=\theta_m\cos\left(\sqrt{\frac{g}{L}}t+\frac{\pi}{3}\right)$$

3.1.2 旋转矢量

通过引入旋转矢量可以形象地描述简谐振动的运动规律。以弹簧振子为例，如图 3.1.6 所示，以平衡位置为坐标原点 O，水平向右为 x 轴正方向，以振幅 A 为旋转矢量 $\boldsymbol{A}$ 的长度，按逆时针方向以角速度 ψ 旋转，旋转矢量 $\boldsymbol{A}$ 的端点在任意时刻在 x 轴上投影的运动方程为 $x=A\cos(\psi t+\varphi)$，和简谐振动的振动方程相同。通过这种内在联系构建的旋转矢量法可以帮助我们更好地理解简谐振动的规律及相位差，更方便地计算简谐振动的振动方程及合振动的振动方程。

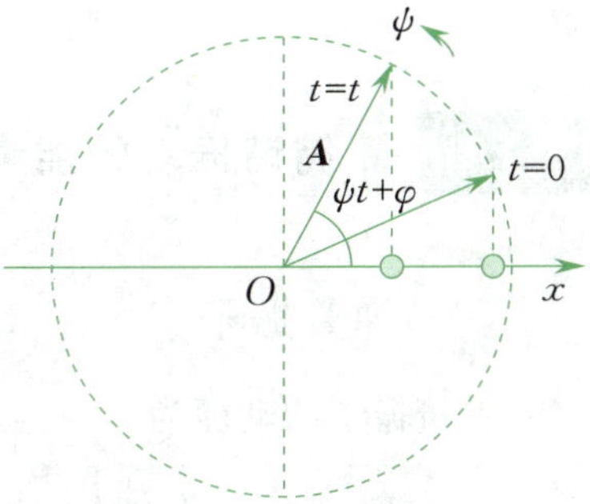

图 3.1.6 旋转矢量

旋转矢量

例 3.1.3

如图 3.1.7(a)所示，已知简谐振动的振幅 A 和周期 T，试求：(1)振动方程；(2)到达 a、b、c、d 点对应的运动状态所需的时间。

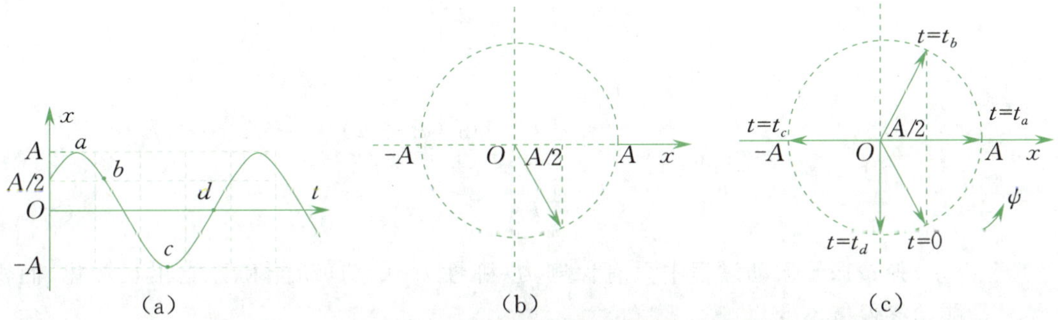

图 3.1.7 简谐振动的曲线和旋转矢量法

解 (1)由题意可知，$t=0$ 时，质点处于 $x=\dfrac{A}{2}$ 处并沿 x 轴正方向运动，根据旋转矢量法[见图 3.1.7(b)]得

$$\varphi=-\frac{\pi}{3}$$

代入振动方程 $x=A\cos(\psi t+\varphi)$，得

$$x=A\cos\left(\frac{2\pi}{T}t-\frac{\pi}{3}\right)$$

(2)根据旋转矢量法[见图 3.1.7(c)]得

$$\Delta\varphi_a=0-\left(-\frac{\pi}{3}\right)=\frac{\pi}{3},t_a=\frac{\Delta\varphi_a}{2\pi}T=\frac{T}{6}$$

$$\Delta\varphi_b=\frac{\pi}{3}-\left(-\frac{\pi}{3}\right)=\frac{2\pi}{3},t_b=\frac{\Delta\varphi_b}{2\pi}T=\frac{T}{3}$$

$$\Delta\varphi_c = \pi - \left(-\frac{\pi}{3}\right) = \frac{4\pi}{3}, t_c = \frac{\Delta\varphi_c}{2\pi}T = \frac{2}{3}T$$

$$\Delta\varphi_d = \frac{3\pi}{2} - \left(-\frac{\pi}{3}\right) = \frac{11}{6}\pi, t_d = \frac{\Delta\varphi_d}{2\pi}T = \frac{11}{12}T$$

3.1.3 简谐振动的能量

简谐振动的能量

(一)弹簧振子

弹簧振子的动能为

$$E_k = \frac{1}{2}mv^2 = \frac{1}{2}mA^2\psi^2\sin^2(\psi t + \varphi) = \frac{1}{2}kA^2\sin^2(\psi t + \varphi) \quad (3.1.18)$$

弹簧振子的势能为

$$E_p = \frac{1}{2}kx^2 = \frac{1}{2}kA^2\cos^2(\psi t + \varphi) \quad (3.1.19)$$

则弹簧振子的机械能为

$$\begin{aligned} E &= E_k + E_p \\ &= \frac{1}{2}mv^2 + \frac{1}{2}kx^2 \\ &= \frac{1}{2}kA^2\sin^2(\psi t + \varphi) + \frac{1}{2}kA^2\cos^2(\psi t + \varphi) \\ &= \frac{1}{2}kA^2 \end{aligned} \quad (3.1.20)$$

弹簧振子振动过程中只有保守力(弹性力)做功,动能和势能相互转化,而机械能始终保持不变。

(二)角简谐振子

角简谐振子的动能为

$$E_k = \frac{1}{2}J\omega^2 = \frac{1}{2}J\theta_m^2\psi^2\sin^2(\psi t + \varphi) = \frac{1}{2}k\theta_m^2\sin^2(\psi t + \varphi) \quad (3.1.21)$$

角简谐振子的势能为

$$E_p = \frac{1}{2}k\theta^2 = \frac{1}{2}k\theta_m^2\cos^2(\psi t + \varphi) \quad (3.1.22)$$

则角简谐振子的机械能为

$$\begin{aligned} E &= E_k + E_p \\ &= \frac{1}{2}J\omega^2 + \frac{1}{2}k\theta^2 \\ &= \frac{1}{2}k\theta_m^2\sin^2(\psi t + \varphi) + \frac{1}{2}k\theta_m^2\cos^2(\psi t + \varphi) \end{aligned}$$

$$=\frac{1}{2}k\theta_{m}^{2} \qquad (3.1.23)$$

角简谐振子振动过程中只有保守力做功，动能和势能相互转化，而机械能始终保持不变。

例 3.1.4

质量为0.5 kg的物体，以振幅2.0×10^{-2} m做简谐振动，其最大加速度大小为8.0 m·s^{-2}，试求：(1)振动周期；(2)机械能；(3)动能和势能相等的位置。

解 (1)根据$a_{max}=A\psi^{2}$，得$\psi=\sqrt{\frac{a_{max}}{A}}=20$ rad·s^{-1}，$T=\frac{2\pi}{\psi}\approx0.314$ s。

(2) $E=\frac{1}{2}kA^{2}=\frac{1}{2}m\psi^{2}A^{2}=4\times10^{-2}$ J。

(3)动能和势能相等时，$E_{p}=E_{k}=\frac{1}{2}E$，则$E_{p}=\frac{1}{2}kx^{2}=\frac{1}{2}m\psi^{2}x^{2}=2\times10^{-2}$ J，解得$x\approx\pm0.014\,1$ m。

3.1.4 一维简谐振动的合成

(一)两个同方向、同频率简谐振动的合成

已知两个同方向、同频率简谐振动的振动方程分别为$x_{1}=A_{1}\cos(\psi t+\varphi_{1})$和$x_{2}=A_{2}\cos(\psi t+\varphi_{2})$，采用解析法或旋转矢量法计算可知，其合振动仍然是简谐振动，振动方程是$x=x_{1}+x_{2}=A\cos(\psi t+\varphi)$，其中，

$$A=\sqrt{A_{1}^{2}+A_{2}^{2}+2A_{1}A_{2}\cos(\varphi_{2}-\varphi_{1})},\ \varphi=\arctan\frac{A_{1}\sin\varphi_{1}+A_{2}\sin\varphi_{2}}{A_{1}\cos\varphi_{1}+A_{2}\cos\varphi_{2}}$$

简谐运动的合成

(1)当相位差$\Delta\varphi=\varphi_{2}-\varphi_{1}=2k\pi(k=0,\pm1,\pm2,\cdots)$时，$A=A_{1}+A_{2}$，$\varphi=\varphi_{1}$。

(2)当相位差$\Delta\varphi=\varphi_{2}-\varphi_{1}=(2k+1)\pi(k=0,\pm1,\pm2,\cdots)$时，$A=|A_{1}-A_{2}|$，$\varphi=\varphi_{1}$或$\varphi_{2}$(与振幅大的一致)。

(3)一般情况下，$A_{1}+A_{2}>A>|A_{1}-A_{2}|$。

(二)多个同方向、同频率简谐振动的合成

已知n个同方向、同频率简谐振动的振动方程分别为$x_{1}=A_{1}\cos(\psi t+\varphi_{1})$，$x_{2}=A_{2}\cos(\psi t+\varphi_{2})$，…，$x_{n}=A_{n}\cos(\psi t+\varphi_{n})$，通过解析法或旋转矢量法计算可知，其合振动仍然是简谐振动，振动方程是$x=x_{1}+x_{2}+\cdots+x_{n}=A\cos(\psi t+\varphi)$。

(1)当相位差$\Delta\varphi=2k\pi(k=0,\pm1,\pm2,\cdots)$时，$A=A_{1}+A_{2}+\cdots+A_{n}$，$\varphi=\varphi_{1}$。

(2)若$A_{1}=A_{2}=\cdots=A_{n}$，当$n\Delta\varphi=2k'\pi(k'\neq kn,k'=\pm1,\pm2,\cdots)$时，$A=0$。

（三）两个同方向、不同频率简谐振动的合成

两个初相位 $\varphi=0$ 的同方向、不同频率简谐振动的振动方程分别为

$$x_1=A_1\cos(\psi_1 t)=A_1\cos(2\pi\nu_1 t) \tag{3.1.24}$$

$$x_2=A_2\cos(\psi_2 t)=A_2\cos(2\pi\nu_2 t) \tag{3.1.25}$$

（1）采用解析法计算可知，其合振动的振动方程为

$$x=x_1+x_2=A_1\cos(2\pi\nu_1 t)+A_2\cos(2\pi\nu_2 t) \tag{3.1.26}$$

频率较大而频率之差很小的两个同方向的简谐振动的合成，其合振动的振幅时而增大时而减小的现象称为拍现象。

当 $A_1=A_2$，$|\nu_2-\nu_1|\ll\nu_1+\nu_2$ 时，

$$x=2A_1\cos\left(2\pi\frac{\nu_2-\nu_1}{2}t\right)\cos\left(2\pi\frac{\nu_2+\nu_1}{2}t\right)=A(t)\cos(2\pi\nu t) \tag{3.1.27}$$

合振动的振幅为

$$A(t)=\left|2A_1\cos\left(2\pi\frac{\nu_2-\nu_1}{2}t\right)\right| \quad (0\leqslant A(t)\leqslant 2A_1) \tag{3.1.28}$$

合振动的频率为

$$\nu=(\nu_1+\nu_2)/2 \tag{3.1.29}$$

（2）采用旋转矢量法计算可知，其合振动的振动方程为

$$x=x_1+x_2=A_1\cos(2\pi\nu_1 t)+A_2\cos(2\pi\nu_2 t)=A(t)\cos(2\pi\nu t) \tag{3.1.30}$$

其中，$A(t)=\sqrt{A_1^2+A_2^2+2A_1A_2\cos\Delta\varphi}$，$\Delta\varphi=(\psi_2-\psi_1)t=2\pi(\nu_2-\nu_1)t$。

当 $A_1=A_2$，$|\nu_2-\nu_1|\ll\nu_1+\nu_2$ 时，合振动的振幅为

$$A(t)=A_1\sqrt{2(1+\cos\Delta\varphi)}=\left|2A_1\cos\left(2\pi\frac{\nu_2-\nu_1}{2}t\right)\right| \tag{3.1.31}$$

合振动的频率为

$$\nu=(\nu_1+\nu_2)/2 \tag{3.1.32}$$

例 3.1.5

已知一质点同时参与两个在同一直线上的简谐振动，其振动方程分别为

$$x_1=4\times10^{-2}\cos\left(2t+\frac{\pi}{6}\right)$$

$$x_2=3\times10^{-2}\cos\left(2t-\frac{5\pi}{6}\right)\ \text{(SI)}$$

求合振动的振幅、初相位及振动方程。

解 根据题意，由旋转矢量法（见图 3.1.8）得

$$A=A_1-A_2=1\times10^{-2}\ \text{m},\varphi=\varphi_1=\frac{\pi}{6}$$

则

$$x=1\times10^{-2}\cos\left(2t+\frac{\pi}{6}\right)\ \text{(SI)}$$

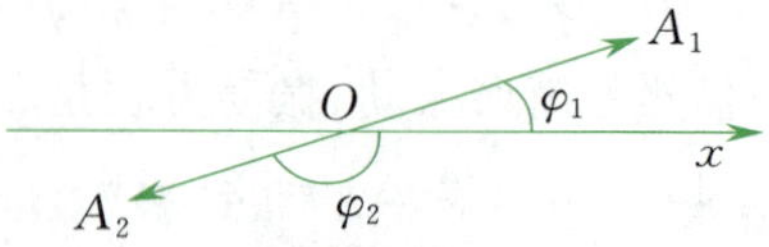

图 3.1.8 用旋转矢量法分析质点的振动

*3.1.5 阻尼振动　受迫振动　共振

（一）阻尼振动

简谐振动对介质的摩擦阻力忽略不计，是一种理想化的振动过程，称为无阻尼振动。而实际的振动过程都有摩擦阻力的存在，振动系统的振幅和机械能都将越来越小，这种振动称为阻尼振动。

根据阻力的大小，阻尼振动分为欠阻尼振动、临界阻尼振动和过阻尼振动。欠阻尼振动是指物体在介质中振动时，介质的阻力不大，物体的振幅逐渐减小的周期性振动。临界阻尼振动是指物体在介质中振动时，介质的阻力较大，可使物体回到平衡位置刚好静止的非周期性振动。过阻尼振动是指物体在介质中振动时，介质的阻力很大，可使物体还未回到平衡位置就静止的非周期性振动。

（二）受迫振动

系统在周期性外力的作用下所进行的振动称为受迫振动，当受迫振动达到稳定后，振动的振幅将保持不变。

（三）共振

振子做受迫振动，当周期性外力的频率与振子的固有频率接近时，振子振幅显著增大，当这两个频率相等时振子的振幅达到最大，这一现象称为共振现象，达到共振时的频率称为共振频率。对于无阻尼振动，共振频率等于系统的固有频率。

3.2 机械波

3.2.1 机械波的形成及传播

（一）机械波的形成

机械波产生的条件：①波源；②弹性介质。

机械波是在波源的带动下，弹性介质中相邻质元的振动状态由近及远传播的过程，弹性介质中的质元并不随机械波传播。

机械波的形成及传播

（二）横波与纵波

质元振动方向与波的传播方向相互垂直的波称为横波。横波的传播需要介质中质元间的切向力，液体和气体中质元间的切向力很小，不足以引起相邻质元切向运动状态发生变化，而固体中质元间的切向力较大，可以带动相邻质元运动状态发生变化，故横波仅在固体中传播。

横波的特征：具有交替出现的波峰和波谷。

质元振动方向与波的传播方向相互平行的波称为纵波。纵波的传播需要介质中相邻质元间的纵向力，气体、液体和固体中都能产生相邻质元间的纵向力，故纵波可以在气体、液体和固体中传播。

纵波的特征：具有交替出现的密部和疏部。

（三）波长、波的周期和频率、波速

1. 波长

机械波的波长、周期、频率和波速

沿波的传播方向，两个相邻的、振动状态相同的质元之间的距离，即一个完整波形的长度定义为波长，用符号 λ 表示，单位是 m。

波长由弹性介质的性质决定，一般情况下，固体、液体和气体中由于相邻质元的作用力依次减小，引起相邻质元运动状态发生相同变化所需的时间依次增大，故在一个周期内同一种机械波的传播距离，固体中最大，液体中次之，气体中最小。

2. 波的周期和频率

机械波在弹性介质中传播一个波长所需要的时间定义为波的周期，用符号 T 表示，单位是 s。

单位时间内所传播的完整波的数目定义为频率，用符号 ν 表示，单位是 Hz。

机械波的周期和频率由波源的振动快慢决定，当弹性介质和波源间没有相对运动时，机械波的周期和频率分别与波源的周期和频率相等。

3. 波速

在波动过程中，某一振动状态（振动相位）在单位时间内所传播的距离定义为波速，即 $u=\dfrac{\lambda}{T}=\lambda\nu$，单位是 $\mathrm{m\cdot s^{-1}}$。

波速 u 与介质的性质有关，对密度为 ρ 的弹性介质，固体中横波的波速为 $u=\sqrt{\dfrac{G}{\rho}}$，纵波的波速为 $u=\sqrt{\dfrac{E}{\rho}}$，液体和气体中纵波的波速为 $u=\sqrt{\dfrac{K}{\rho}}$。其中，G 和 E 分别是固体的剪切模量和杨氏模量，K 是液体和气体的体积模量。

一般情况下，同一种机械波在不同介质中的传播速度，固体中最大，液体中次之，气体中最小。

（四）波线、波面与波前

为了形象地描绘机械波的传播过程，可以引入波线、波面和波前，如图 3.2.1 所示。

沿着波的传播方向引入一条带箭头的直线来描述波的传播方向，该有向线段定义为波线。

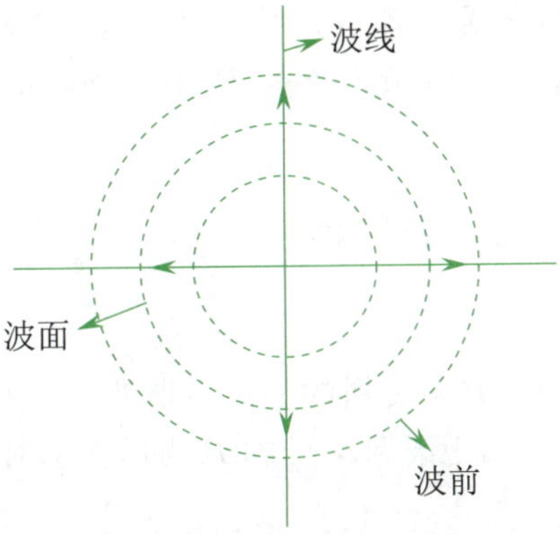

图 3.2.1 波线、波面与波前

在与波源的距离相同位置处所有振动状态相同的质元连接形成的曲面或平面定义为波面。在实际情况中，一般取与波源的距离为波长 λ 的整数倍的波面作为研究对象来描述波的传播特性。

在某个时刻连接波的振动状态传播到最远处的质元形成的曲面或平面定义为波前。

例 3.2.1

在室温下，已知空气中的声速为 $340\ \mathrm{m\cdot s^{-1}}$，水中的声速为 $1\ 450\ \mathrm{m\cdot s^{-1}}$，求频率为 20 Hz 和 20 000 Hz 的声波在空气中和水中的波长。

解 由 $\lambda=\dfrac{u}{\nu}$，得频率为 20 Hz 和 20 000 Hz 的声波在空气中的波长分别为

$$\lambda_1=\frac{u_1}{\nu_1}=\frac{340\ \mathrm{m\cdot s^{-1}}}{20\ \mathrm{Hz}}=17\ \mathrm{m}$$

$$\lambda_2=\frac{u_1}{\nu_2}=\frac{340\ \mathrm{m\cdot s^{-1}}}{20\ 000\ \mathrm{Hz}}=0.017\ \mathrm{m}$$

在水中的波长分别为

$$\lambda'_1=\frac{u_2}{\nu_1}=\frac{1\ 450\ \mathrm{m\cdot s^{-1}}}{20\ \mathrm{Hz}}=72.5\ \mathrm{m}$$

$$\lambda'_2=\frac{u_2}{\nu_2}=\frac{1\ 450\ \mathrm{m\cdot s^{-1}}}{20\ 000\ \mathrm{Hz}}=0.072\ 5\ \mathrm{m}$$

3.2.2 平面简谐波的波函数

(一)平面简谐波的波函数的定义

在均匀、无吸收的弹性介质中，波源做简谐振动时在弹性介质中形成的机械波称为简谐波。波面为平面的简谐波称为平面简谐波，它是一种最简单、最基本的简谐波。球面简谐波可以看成沿各个方向的平面简谐波的叠加。

平面简谐波的波函数

平面简谐波的波函数的物理意义

为了定量地描述弹性介质中各质元的振动状态，需要引入波函数和振动速度。介质中坐标为 x 的质元相对其平衡位置的位移 y 随时间的变化关系，即 $y=y(x,t)$，称为波函数。

（二）平面简谐波的波函数的计算

1. 时间延迟法

对于以波速 u 沿 x 轴正方向传播的平面简谐波，令 O 点处波源的初相位为 φ，其振动方程为 $y_0=A\cos(\psi t+\varphi)$，距波源 x 处的 P 点的振动时间相较于波源延迟了 $\Delta t=\frac{x}{u}$，则该点的振动方程为 $y_P(t)=y_0(t-\Delta t)=A\cos\left[\psi\left(t-\frac{x}{u}\right)+\varphi\right]$，由于 P 点的选择是任意的，故平面简谐波的波函数为

$$y=A\cos\left[\psi\left(t-\frac{x}{u}\right)+\varphi\right] \tag{3.2.1}$$

同理，以波速 u 沿 x 轴负方向传播的平面简谐波的波函数为

$$y=A\cos\left[\psi\left(t+\frac{x}{u}\right)+\varphi\right] \tag{3.2.2}$$

根据速度和加速度的定义，可求得质元的振动速度大小和加速度大小分别为

$$v=\frac{\partial y}{\partial t}=-\psi A\sin\left[\psi\left(t\mp\frac{x}{u}\right)+\varphi\right] \tag{3.2.3}$$

$$a=\frac{\partial^2 y}{\partial t^2}=-\psi^2 A\cos\left[\psi\left(t\mp\frac{x}{u}\right)+\varphi\right] \tag{3.2.4}$$

2. 相位落后法

对于以波速 u 沿 x 轴正方向传播的平面简谐波，令 O 点处波源的初相位为 φ，其振动方程为 $y_0=A\cos(\psi t+\varphi)$，距波源 x 处的 P 点的相位相较于波源落后了 $\Delta\varphi=-2\pi\frac{x}{\lambda}$，则该点的振动方程为 $y_P=A\cos\left(\psi t+\varphi-2\pi\frac{x}{\lambda}\right)=A\cos\left[2\pi\left(\frac{t}{T}-\frac{x}{\lambda}\right)+\varphi\right]$，由于 P 点的选择是任意的，故平面简谐波的波函数为

$$y=A\cos\left[2\pi\left(\frac{t}{T}-\frac{x}{\lambda}\right)+\varphi\right] \tag{3.2.5}$$

同理，以波速 u 沿 x 轴负方向传播的平面简谐波的波函数为

$$y=A\cos\left[2\pi\left(\frac{t}{T}+\frac{x}{\lambda}\right)+\varphi\right] \tag{3.2.6}$$

根据速度和加速度的定义，可求得质元的振动速度大小和加速度大小分别为

$$v=\frac{\partial y}{\partial t}=-\frac{2\pi}{T}A\sin\left[2\pi\left(\frac{t}{T}\mp\frac{x}{\lambda}\right)+\varphi\right] \tag{3.2.7}$$

$$a=\frac{\partial^2 y}{\partial t^2}=-\frac{4\pi^2}{T^2}A\cos\left[2\pi\left(\frac{t}{T}\mp\frac{x}{\lambda}\right)+\varphi\right] \tag{3.2.8}$$

（三）平面简谐波的波函数的物理意义

平面简谐波的波函数 $y=A\cos\left[\psi\left(t-\frac{x}{u}\right)+\varphi\right]=A\cos\left[2\pi\left(\frac{t}{T}-\frac{x}{\lambda}\right)+\varphi\right]$（以

沿 x 轴正方向传播的平面简谐波为例)的物理意义如下。

(1)当 x 一定时,波函数表示该点处质元的振动方程,该方程具有时间上的周期性,即 $y(x,t)=y(x,t+kT)$,该点处质元与 O 点处波源振动的相位差 $\Delta\varphi=-\psi\dfrac{x}{u}=-2\pi\dfrac{x}{\lambda}$。

(2)当 t 一定时,波函数表示该时刻波线上各点处质元相对其平衡位置的位移,该方程具有空间上的周期性,即 $y(x,t)=y(x+k\lambda,t)$,各质元间振动的相位差 $\Delta\varphi_{12}=\varphi_2-\varphi_1=-2\pi\dfrac{x_2-x_1}{\lambda}=2\pi\dfrac{\Delta x_{12}}{\lambda}$。

(3)若 x 和 t 均变化,则波函数表示波形沿传播方向的运动情况,该方程同时具有空间和时间上的周期性,即 $y(x,t)=y(x+k\lambda,t+kT)$,且 $\dfrac{\Delta t}{T}=\dfrac{\Delta x}{\lambda}=\dfrac{\Delta\varphi}{2\pi}$。

例 3.2.2

一平面简谐波沿 x 轴负方向传播,已知振幅 $A=3.0$ m,周期 $T=1.0$ s,波长 $\lambda=2.0$ m,在 $t=0$ 时坐标原点处的质元位于平衡位置并沿 y 轴正方向运动。求:(1)波函数;(2) $t=1.0$ s 时的波形图;(3) $x=0.5$ m 处质元的振动方程及振动曲线。

解 (1)平面简谐波的波函数标准式为 $y=A\cos\left[2\pi\left(\dfrac{t}{T}+\dfrac{x}{\lambda}\right)+\varphi\right]$。

根据已知条件,$t=0$ 时,$x=0$ 处质元位于平衡位置并沿 y 轴正方向运动,即 $y=0, v=\dfrac{\partial y}{\partial t}>0$,由旋转矢量法可得 $\varphi=-\dfrac{\pi}{2}$。

将 $A=3.0$ m,$T=1.0$ s,$\lambda=2.0$ m,$\varphi=-\dfrac{\pi}{2}$ 代入波函数标准式,得

$$y=3.0\cos\left[2\pi\left(t+\frac{x}{2.0}\right)-\frac{\pi}{2}\right]\ \text{m}$$

(2) $t=1.0$ s 时,$y=3.0\cos\left[2\pi\left(1+\dfrac{x}{2.0}\right)-\dfrac{\pi}{2}\right]\text{m}=3.0\cos\left(\pi x+\dfrac{3\pi}{2}\right)\text{m}$,波形图如图 3.2.2 所示。

(3) $x=0.5$ m 时,$y=3.0\cos\left[2\pi\left(t+\dfrac{0.5}{2.0}\right)-\dfrac{\pi}{2}\right]\text{m}=3.0\cos(2\pi t)\text{m}$,振动曲线如图 3.2.3 所示。

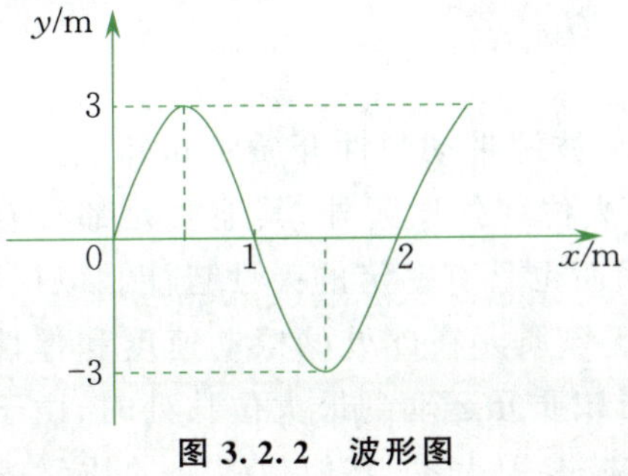

图 3.2.2 波形图

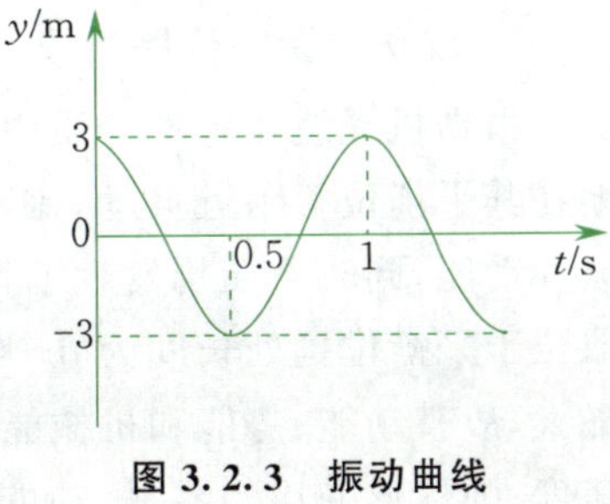

图 3.2.3 振动曲线

例 3.2.3

如图 3.2.4 所示，一平面简谐波以速度 $u=10\ \mathrm{m\cdot s^{-1}}$ 沿直线传播，波线上 B 点处质元的振动方程为 $y_B=2.0\times10^{-2}\cos\left(2\pi t+\dfrac{\pi}{3}\right)\ \mathrm{m}$。(1)以 B 点为坐标原点，写出波函数；(2)以 C 点为坐标原点，写出波函数；(3)分别写出 B、C 两点和 C、D 两点处质元的相位差。

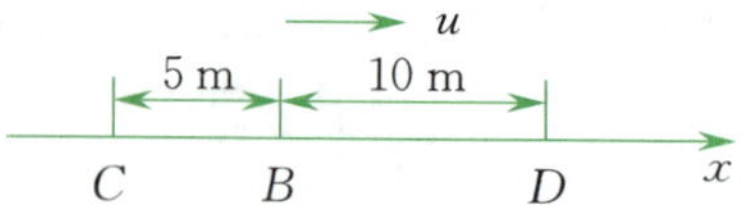

图 3.2.4 简谐波沿直线传播

解 (1)以 B 点为坐标原点，波函数标准式为

$$y=2.0\times10^{-2}\cos\left[2\pi\left(\frac{t}{T}-\frac{x}{\lambda}\right)+\frac{\pi}{3}\right]\ \mathrm{m}$$

根据已知条件，$T=1.0\ \mathrm{s}$，$\lambda=uT=10\ \mathrm{m}$，代入波函数标准式，得

$$y=2.0\times10^{-2}\cos\left[2\pi\left(t-\frac{x}{10}\right)+\frac{\pi}{3}\right]\ \mathrm{m}$$

(2)将 $x=-5\ \mathrm{m}$ 代入(1)中的波函数，得 C 点处质元的振动方程为

$$y_C=2.0\times10^{-2}\cos\left(2\pi t+\frac{4\pi}{3}\right)\ \mathrm{m}$$

以 C 点为坐标原点，波函数为

$$y=2.0\times10^{-2}\cos\left[2\pi\left(t-\frac{x}{10}\right)+\frac{4\pi}{3}\right]\ \mathrm{m}$$

(3)

$$\Delta\varphi_{BC}=\varphi_C-\varphi_B=-2\pi\frac{x_C-x_B}{\lambda}$$

$$=-2\pi\times\frac{-5}{10}=\pi$$

$$\Delta\varphi_{CD}=\varphi_D-\varphi_C=-2\pi\frac{x_D-x_C}{\lambda}$$

$$=-2\pi\times\frac{15}{10}=-3\pi$$

3.2.3 波动的能量

(一)波动能量的传播

波动能量的传播

1. 波动能量的传播规律

根据机械波在弹性介质中的传播过程，波源带动弹性介质中相邻质元由近及远地在其平衡位置附近振动，因而除位于最大位移处质元外，其他质元都具有一定的振动动能，同时质元均发生了弹性形变，因而也具有一定的弹性势能。以横波为例，取位于平衡位置处长度为 $\mathrm{d}x$ 的质元，由于该质元在此处的振动速度和弹性形变都最大，故其动能、势能和机械能都最大。当该质元运动到最大位移处时，由于其振动速度、弹性形变均为零，故动能、势能和机械能均为零，其他位置处的质元既有一定

的速度也有一定的弹性形变，故都有一定的动能、势能和机械能。概括来说，波动能量的传播过程是波源每经过 $\frac{T}{4}$ 时间把其机械能传递给弹性介质中相邻质元，再在该质元的带动下由近及远地传递给其他质元。在波的整个传播过程中质元的机械能不守恒。

2. 能流与能流密度

为了定量地描述波动能量在弹性介质中的传播规律，可以引入能流和能流密度。能流是指单位时间内垂直通过某一面积的能量，用符号 P 表示，单位是 W。能流密度是指单位时间内垂直通过单位面积的能量，用 I 表示，单位是 $W \cdot m^{-2}$。

通过对机械波在弹性介质中的传播过程的分析可知，其在介质中的能流密度分布是不均匀的，可以通过计算平均能流密度来定量描述：

$$I=\frac{E}{\Delta S \Delta t}=\frac{\frac{1}{2}m\psi^2 A^2}{\Delta S \Delta t}=\frac{\frac{1}{2}\rho u \Delta t \Delta S \psi^2 A^2}{\Delta S \Delta t}=\frac{1}{2}\rho u \psi^2 A^2 \tag{3.2.9}$$

其中，ρ 为介质的密度；u 为波速；ψ 为角频率；A 为振幅。

（二）声波、声强与声强级

1. 声波的定义及类型

在弹性介质中传播的机械纵波统称为声波，根据其频率范围可将声波分为超声波（频率高于 20 000 Hz）、可闻声波（频率为 20～20 000 Hz）和次声波（频率低于 20 Hz）。

2. 声强与声强级

声波的能流密度称为声强。能够引起人类听觉的声强范围是 10^{-12}～$1\ W \cdot m^{-2}$，为了便于日常使用，基于人类的听觉范围，将 $I_0=10^{-12}\ W \cdot m^{-2}$ 规定为基准声强，将声波的声强和基准声强的比值的对数定义为声强级，即 $L_I=\lg\frac{I}{I_0}$，单位为 B（贝尔）；或 $L_I=10\lg\frac{I}{I_0}$，单位为 dB（分贝）。

3. 声波在科学研究及生产生活中的应用

1）超声波的应用

超声波频率高、能量大、穿透本领强，可以用于测量海洋深度、海底地形，探测沉船和鱼群的位置，还可以用于工业探伤，医学上可以用超声波显示人体内部病变部分的图像等。

超声波在液体中会引起空化作用，用它可以捣碎药物并将其制成各种药剂。超声波在食品工业上用于制作调味剂，在建筑业上用于制作水泥乳浊液。

超声波可以用来粉碎肾结石，也可以用来清除眼镜或饰品上的污垢。

2）次声波的应用

在火山爆发、地震、陨石落地、大气湍流、雷暴、磁暴等自然活动中都会有次声波产生，次声波是研究地球、大气、海洋运动的有力工具。

振荡频率与人体大脑节律或人体内脏器官固有频率相近的次声波可使人神经错乱或破坏人的内脏，致人死亡，这是目前威力最大的声波武器。

3.2.4 惠更斯原理与波的干涉及衍射

惠更斯原理

（一）惠更斯原理

介质中波动传播到的各点处质元都可以看作发射子波的波源，而在其后的任意时刻，这些子波的包络就是新的波前，这就是惠更斯原理。

（二）波的干涉

1. 波的叠加原理

几列波相遇区域内任意一点处质元的振动位移，为各列波单独存在时在该点处所引起的质元振动位移的矢量和。

几列波在空间相遇后，仍然保持它们各自原有的特征（频率、波长、振幅、振动方向等）不变，并按照原来的方向继续前进，好像没有遇到过其他波一样。

2. 波的干涉

频率相同、振动方向平行、相位相同或相位差恒定的两列波在空间相遇时，有些地方振动始终加强、有些地方振动始终减弱的现象，称为波的干涉现象。

（三）波的衍射

波在传播过程中遇到障碍物或狭缝时，能绕过障碍物或狭缝继续传播，使得有些地方振动始终加强、有些地方振动始终减弱的现象，称为波的衍射现象。

波的衍射的物理学本质是障碍物或狭缝处满足相干条件的子波在空间相干叠加，波长越长或障碍物和狭缝的尺寸越小，衍射现象越明显。

*3.2.5 驻波

（一）驻波的形成

驻波是指振幅、频率、传播速度都相同的两列相干波，在同一直线上沿相反方向传播时叠加而形成的一种特殊的干涉现象。

（二）驻波的描述

如图 3.2.5 所示，一列沿 x 轴正方向传播的波 $y_1 = A\cos\left[2\pi\left(\nu t - \frac{x}{\lambda}\right)\right]$ 和一列沿 x 轴负方向传播的波 $y_2 = A\cos\left[2\pi\left(\nu t + \frac{x}{\lambda}\right)\right]$ 在同一种弹性介质中相干叠加形成驻波，驻波方程为

$$y=y_1+y_2=A\cos\left[2\pi\left(\nu t-\frac{x}{\lambda}\right)\right]+A\cos\left[2\pi\left(\nu t+\frac{x}{\lambda}\right)\right]=2A\cos\left(2\pi\frac{x}{\lambda}\right)\cos(2\pi\nu t) \tag{3.2.10}$$

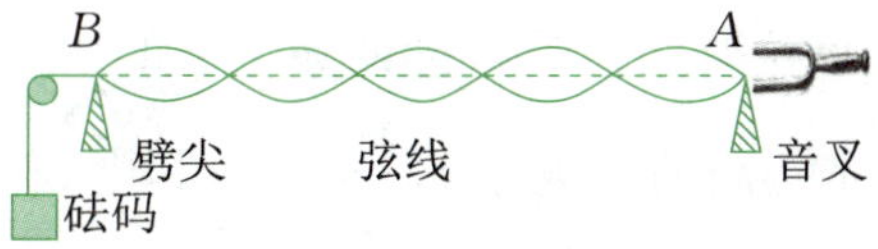

图 3.2.5 驻波

(1)驻波的振幅 $\left|2A\cos\left(2\pi\frac{x}{\lambda}\right)\right|$ 由 x 决定,与时间无关。

当 $x=\pm k\frac{\lambda}{2}(k=0,1,2,\cdots)$ 时,$A_{max}=2A$(波腹);

当 $x=\pm\left(k+\frac{1}{2}\right)\frac{\lambda}{2}(k=0,1,2,\cdots)$ 时,$A_{min}=0$(波节)。

(2)相邻两波节之间质元振动相位相同,任一波节两侧质元振动相位相反,在波节处产生 π 的相位跃变。驻波无振动相位的传播。

(三)驻波的能量

驻波的能量在相邻的波腹和波节间发生周期性变化,在相邻的波节间发生动能和势能间的相互转化,动能主要集中在波腹,势能主要集中在波节,驻波无长距离的能量传播。

例 3.2.4

已知一根线上的驻波方程为 $y=0.05\sin(10\pi x)\cos(20\pi t)$ 。求:(1)在 $0\leqslant x\leqslant 0.50$ m 内所有波节的位置;(2)线上除波节外任意质元的振动周期;(3)在 $0\leqslant t\leqslant 0.10$ s 内线上质元横向速度为零的时刻。

解 (1)由 $|\sin(10\pi x)|=0$ 得 $10\pi x=k\pi(k=0,1,2,\cdots)$,则 $x=\frac{1}{10}k$,故在 $0\leqslant x\leqslant$ 0.50 m 范围内所有波节的位置为

$x_1=0$ m,$x_2=0.10$ m,$x_3=0.20$ m,$x_4=0.30$ m,$x_5=0.40$ m,$x_6=0.50$ m

(2)由 $2\pi\nu=20\pi$ 得 $\nu=10$ Hz,则 $T=0.10$ s 。

(3)由 $\cos(20\pi t)=\pm1$ 得 $20\pi t=k\pi(k=0,1,2,\cdots)$,$t=\frac{1}{20}k$,故横向速度为零的时刻为 $t_1=0$ s,$t_2=0.05$ s,$t_3=0.10$ s 。

*3.2.6 多普勒效应

前面讨论的都是波源和观察者相对弹性介质静止时的情况,观察者接收到的频率和波源的频率相等。但实际的物理过程中三者之间有可能存在相对运动,此时观

察者接收到的频率和波源的频率就不相同了，这种现象称为多普勒效应。

为了定量计算三个频率之间的关系，我们要对波源的频率 ν、接收频率 ν' 和波的频率 ν_b 加以区分。波源的频率 ν 是指波源单位时间内发生的全振动的次数；接收频率 ν' 是指观察者在单位时间内接收到的完整波的数目；波的频率 ν_b 是指单位时间内在介质中传播的完整波的个数，即 $\nu_b=\dfrac{u}{\lambda_b}$，其中 λ_b 和 u 分别是介质中的波长和波速。

（一）波源不动，观察者相对介质以速率 v_0 运动

假设波源不动，从波源发出的波以速率 u 向观察者传播，若观察者也不动，则其在单位时间内接收到的完整波数是 $\nu'=\dfrac{u}{\lambda_b}$；若观察者相对介质以速率 v_0 向波源运动，则其在单位时间内接收到的完整波数就是 $\nu'=\dfrac{u+v_0}{\lambda_b}$。由于波源相对介质静止，即 $\nu=\nu_b=\dfrac{u}{\lambda_b}$，故 $\nu'=\dfrac{u+v_0}{u}\nu$。同理，若观察者远离波源运动，则观察者的接收频率为 $\nu'=\dfrac{u-v_0}{u}\nu$。通过分析不难发现，观察者向静止波源运动，其接收频率增大；观察者远离静止波源运动，其接收频率减小。

（二）观察者不动，波源相对介质以速率 v_s 运动

假设观察者不动，从波源发出的波以速率 u 向观察者传播，若波源也不动，则波在介质中的波长为 $\lambda=uT$；若波源相对介质以速率 v_s 向观察者运动，则波在介质中的波长为 $\lambda_b=\lambda-v_sT=(u-v_s)T=\dfrac{u-v_s}{\nu}$，则 $\nu_b=\dfrac{u}{\lambda_b}=\dfrac{u}{u-v_s}\nu$。由于观察者相对介质静止，即 $\nu'=\nu_b$，故 $\nu'=\dfrac{u}{u-v_s}\nu$。同理，若波源远离观察者运动，则观察者的接收频率为 $\nu'=\dfrac{u}{u+v_s}\nu$。通过分析不难发现，波源向静止观察者运动，其接收频率增大；波源远离静止观察者运动，其接收频率减小。

（三）波源与观察者同时相对介质运动

1. 波源与观察者沿两者连线运动

在这种情况下，观察者的接收频率为

$$\nu'=\frac{u\pm v_0}{u\mp v_s}\nu$$

其中，观察者向波源运动，v_0 取正，远离取负；波源向观察者运动，v_s 取负，远离取正。

2. 波源与观察者不沿两者连线运动

在这种情况下，观察者的接收频率为

$$\nu' = \frac{u \pm v'_0}{u \mp v'_s}\nu$$

其中，v'_0 和 v'_s 分别为观察者和波源的速率沿两者连线方向的分量。观察者向波源运动，v'_0 取正，远离取负；波源向观察者运动，v'_s 取负，远离取正。

综上所述，不论是波源、观察者两者中的某一个运动还是两者同时运动，只要两者相互接近，观察者的接收频率都大于波源的频率；而只要两者相互远离，观察者的接收频率都小于波源的频率。

例 3.2.5

利用多普勒效应测定车速，测速装置发出频率为 $\nu = 110\ \text{kHz}$ 的超声波。当汽车向测速装置行驶时，装在测速装置上的接收器接收到从汽车反射回来的波的频率为 $\nu'' = 150\ \text{kHz}$。已知空气中的声速为 $u = 340\ \text{m} \cdot \text{s}^{-1}$，求汽车的速率。

解 设汽车的速率为 v_s，将汽车作为接收器时，汽车接收到的频率为

$$\nu' = \frac{u + v_s}{u}\nu$$

将汽车作为发射器时，测速装置上的接收器接收到的频率为

$$\nu'' = \frac{u}{u - v_s}\nu' = \frac{v_s + u}{u - v_s}\nu$$

则汽车的速率为

$$v_s = \frac{\nu'' - \nu}{\nu'' + \nu}u = 52\ \text{m} \cdot \text{s}^{-1}$$

思考题

3.1 简谐振动是一种最基本的机械振动，它有哪些特性？

3.2 弹簧振子、单摆和角简谐振子的周期和频率由自身的哪些量决定？如何理解？

3.3 简谐振动的振幅 A 和初相位 φ 由什么决定？如何计算？

3.4 旋转矢量和简谐振动有什么联系和区别？如何运用旋转矢量法求解振动方程？

3.5 简谐振动过程中动能和势能是如何转化的？

3.6 机械波的形成条件是什么？在弹性介质中机械波是如何产生和传播的？

3.7 机械波的周期、频率、波长和波速分别由什么决定？如何理解？

3.8 平面简谐波是一种最基本的机械波，如何应用时间延迟法或相位落后法求解其波函数？

3.9 如何理解波动过程的能量传播规律？

3.10 应用惠更斯原理如何解释波的衍射现象？

第四章
狭义相对论

相对论颠覆了人类对宇宙和自然的“常识性”观念，提出了时间和空间的相对性、四维时空、弯曲空间等全新的概念。1905 年，爱因斯坦(A. Einstein)提出了适用于惯性系时空变换的狭义相对论，1915 年他又提出了适用于任意参考系时空变换的广义相对论。相对论是现代物理学的重要理论基础。

本章主要包括伽利略变换式的局限、狭义相对性原理及洛伦兹变换式、狭义相对论的时空观、光的多普勒效应、相对论动量和能量五部分内容，主要研究两个惯性系之间的时空及物理规律的变换关系，涵盖了伽利略变换式和绝对时空观的局限及狭义相对论的运动学与动力学理论。狭义相对论的运动学理论基于光速不变及狭义相对性原理定量导出洛伦兹变换式，建立狭义相对论的相对时空观——同时的相对性、长度收缩、时间延缓和多普勒效应等。狭义相对论的动力学理论主要包括相对论力学的基本方程和一些基本关系，如质量与速度的关系、动量与质量的关系、质能关系、动量和能量的关系等。本章的核心问题是对同时的相对性、长度收缩与时间延缓的理解。

4.1 伽利略变换式的局限

4.1.1 伽利略变换式与经典力学的相对性原理

伽利略变换式与经典力学的相对性原理

(一)伽利略变换式

某一时刻发生在空间某一点的事例，称为一个事件，(x,y,z,t) 称为事件的时空坐标，同一事件在不同坐标系中时空坐标之间的关系称为变换。如图 4.1.1 所示，取两个惯性系（S 系和 S' 系），在 $t=0$ 时刻，S' 系从与 S 系重合的位置以速度 $\boldsymbol{u}$ 沿 x 轴正方向运动，y'、z' 轴始终分别与 y、z 轴平行。设事件在空间 P 点发生，在 S 系和 S' 系中看来，事件发生的时空坐标分别为 (x,y,z,t) 和 (x',y',z',t')，时间是相同的，有如下关系：

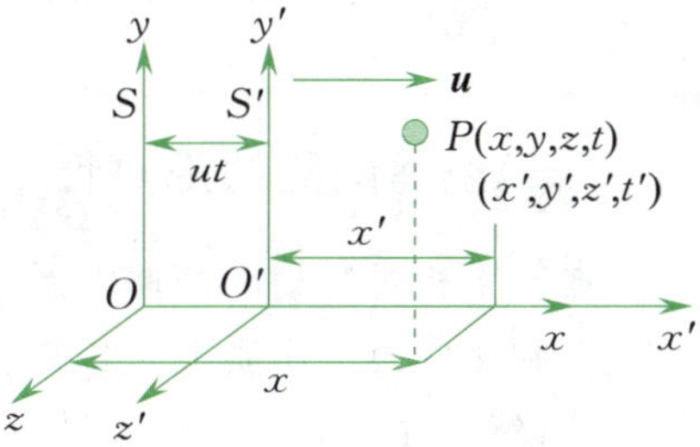

图 4.1.1 伽利略变换

$$\begin{cases} x' = x - ut \\ y' = y \\ z' = z \\ t' = t \end{cases} \tag{4.1.1}$$

对式(4.1.1)求一阶导数和二阶导数，可得速度和加速度的伽利略变换式：

$$\begin{cases} v'_x = v_x - u \\ v'_y = v_y \\ v'_z = v_z \end{cases} \tag{4.1.2}$$

$$\begin{cases} a'_x = a_x \\ a'_y = a_y \\ a'_z = a_z \end{cases} \tag{4.1.3}$$

(二)经典力学的相对性原理

从式(4.1.3)中不难看出，在不同的惯性系中，同一物体的加速度是相同的，即物体的加速度不因坐标系的变换而发生变化。伽利略变换式不仅描述了两个不同惯性系中的时空坐标之间的变换关系，而且蕴含着经典力学的相对性原理：在所有惯性系中，牛顿运动定律都具有相同的数学表示形式。

4.1.2 经典力学的绝对时空观

（一）同时的绝对性

在某个惯性系中同时发生的两个事件，在其他惯性系中也是同时发生的。

在 S 系中，$t_1 = t_2$，则由 $t_1' = t_1$，$t_2' = t_2$ 得，在 S' 系中 $t_1' = t_2'$。

（二）时间间隔的绝对性

在某个惯性系中发生的两个事件的时间间隔，在其他惯性系中来看是相同的。

在 S 系中，$\Delta t = t_2 - t_1$，则由 $t_1' = t_1$，$t_2' = t_2$ 得，在 S' 系中 $\Delta t' = t_2' - t_1' = t_2 - t_1 = \Delta t$。

（三）空间间隔的绝对性

在发生相对运动的两惯性系中，测得的同一物体的长度是相同的。

伽利略变换式实质上是以数学形式反映了经典力学的经典时空观。这种观点认为，自然界存在着与物质运动无关的绝对时间与绝对空间，时间与空间彼此独立，同时性、时间间隔和空间间隔都具有绝对性，它们都与参考系的相对运动无关。惯性系之间的坐标变化——伽利略变换就是这种绝对时空观的具体体现，伽利略变换保证了经典力学规律在不同的惯性系中具有相同的数学表示形式。

4.1.3 光速与惯性系的选取

光速与惯性系的选取

（一）迈克耳孙-莫雷实验

1887 年，迈克耳孙与莫雷合作，进行了著名的迈克耳孙-莫雷实验，这是一个重大的否定性实验，它动摇了经典物理学的基础。

1. 实验目的

测量运动参考系（主要是地球）相对于以太的速度。

2. 实验装置

迈克耳孙干涉仪。

3. 实验原理

设以太坐标系为 S 系，光沿各个方向的速度相同，地球为 S' 系，相对于 S 系以速度 $\boldsymbol{u}$ 运动。如图 4.1.2 所示，M_1、M_2 为平面镜，G 为分光板，T 为望远镜。假设地球沿 GM_1 方向运动，GM_1 与 GM_2 长度相等，均为 l，M_1 与 M_2 不严格垂直，在望远镜的目镜中将看到干涉条纹。若伽利略变换成立，光沿 GM_1 方向的速度为 $\boldsymbol{c} - \boldsymbol{u}$，光沿 M_1G 方向的速度为 $\boldsymbol{c} + \boldsymbol{u}$，光从 G 射向 M_1，再反射回 G 所需时间为

$$t_1 = \frac{l}{c-u} + \frac{l}{c+u} = \frac{2l}{c(1-u^2/c^2)}$$

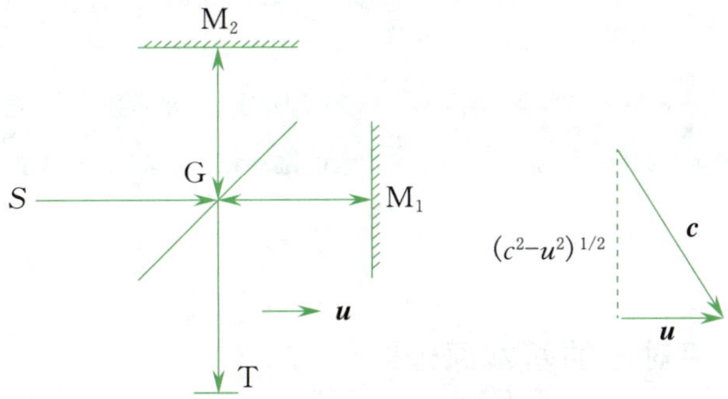

图 4.1.2 迈克耳孙-莫雷实验

在 S' 系中，光沿 GM_2 方向的速度为 $(c^2-u^2)^{1/2}$，光从 G 射向M_2，再反射回 G 所需时间为

$$t_2=\frac{2l}{(c^2-u^2)^{\frac{1}{2}}}=\frac{2l}{c(1-u^2/c^2)^{\frac{1}{2}}}$$

从 S' 系看，G 发出的两束光到达望远镜 T 的时间差为

$$\begin{aligned}\Delta t=t_1-t_2&=\frac{2l}{c(1-u^2/c^2)}-\frac{2l}{c(1-u^2/c^2)^{\frac{1}{2}}}\\&=\frac{2l}{c}\left[\left(1+\frac{u^2}{c^2}+\cdots\right)-\left(1+\frac{u^2}{2c^2}+\cdots\right)\right]\\&=\frac{l}{c}\frac{u^2}{c^2}(u\ll c)\end{aligned}\tag{4.1.4}$$

光程差为

$$\delta=c\Delta t=lu^2/c^2\tag{4.1.5}$$

将迈克耳孙干涉仪旋转 90°，光程变化 2δ，干涉条纹移动的数目为

$$\Delta N=\frac{2\delta}{\lambda}=\frac{2lu^2}{\lambda c^2}\tag{4.1.6}$$

λ、c、l 已知，测出干涉条纹移动的数目 ΔN，就可由式(4.1.6)计算出地球相对于以太的绝对速度，从而可以把以太称为绝对参考系。

4. 实验结果

当 $l=10$ m，$\lambda=500$ nm，$u=3\times10^4$ m·s^{-1} 时，$\Delta N=0.4$。在实验条件下，应该能看到条纹的移动，但实验过程中没有观察到条纹的移动；在不同季节、不同地理条件下做实验，都没有观察到预期结果。

(二)光速和参考系的选择无关

(1)相对于以太的绝对运动是不存在的，以太不能作为绝对参考系，以太假设不能采用。

(2)地球上沿各个方向的光速都是相等的。

迈克耳孙-莫雷实验否定了特殊参考系(绝对参考系)的存在，这就意味着不存在以太，光速不依赖于观察者所在的参考系，伽利略变换不再适用。

4.2 狭义相对性原理及洛伦兹变换式

4.2.1 狭义相对论的基本原理

狭义相对论的基本原理

爱因斯坦认为，自然界是对称的，包括电磁现象在内的一切物理现象和力学现象一样，都应当满足相对性原理，即在所有惯性系中物理定律及其数学表达式都应是相同的。于是他提出两个基本假设，作为建立狭义相对论的基本原理。

（一）狭义相对性原理

对描述一切物理现象的规律来说，所有惯性系都是等价的。狭义相对性原理是力学相对性原理的延续和发展。

（二）光速不变原理

在真空中，光速恒等于 c，与光源、观察者的运动状态无关。

4.2.2 洛伦兹时空变换式

洛伦兹时空变换式

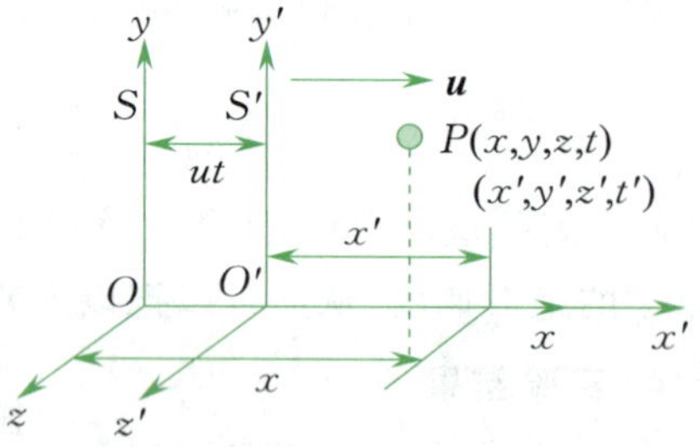

图 4.2.1 洛伦兹变换

如图 4.2.1 所示，取两个惯性系（S 系和 S' 系），在 $t=0$ 时刻，S' 系从与 S 系重合的位置以速度 $\boldsymbol{u}$ 沿 x 轴正方向运动，y'、z' 轴始终与 y、z 轴平行。设事件在空间 P 点发生，在 S 系和 S' 系中看来，事件发生的时空坐标分别为 (x,y,z,t) 和 (x',y',z',t')，这两组坐标之间满足狭义相对论的两条基本原理，这样的变换关系称为洛伦兹变换。

正变换：

$$\begin{cases} x'=\gamma(x-ut) \\ y'=y \\ z'=z \\ t'=\gamma\left(t-\dfrac{u}{c^2}x\right) \end{cases}$$

逆变换：

$$\begin{cases} x=\gamma(x'+ut') \\ y=y' \\ z=z' \\ t=\gamma\left(t'+\dfrac{u}{c^2}x'\right) \end{cases}$$

其中，$\gamma=\dfrac{1}{\sqrt{1-\beta^2}}$ 为洛伦兹因子（又称相对论因子），$\beta=u/c$ 。

洛伦兹变换可进行如下理解。

(1)洛伦兹变换是狭义相对论的核心，狭义相对论的时空观也集中体现在洛伦兹变换中。

(2)洛伦兹变换反映了时间、空间与物质运动的相互联系及不可分割的统一关系。

(3)由于时空坐标均为实数，由洛伦兹变换可以得到这样的结论：真空中的光速 c 是物体运动速度的上限。

(4)当 $u \ll c$ 时，洛伦兹变换回到伽利略变换，即经典力学是相对论力学的低速近似。

例 4.2.1

设一个粒子在 $x'O'y'$ 平面内以 $\dfrac{c}{2}$ 的恒定速率相对于 S' 系运动，而且它的轨迹与 x' 轴成 60° 角。如果 S' 系沿 x 轴相对 S 系以速率 $0.60c$ 运动，试求由 S 系所确定的粒子的运动方程。

解 由 S' 系所确定的粒子的运动方程为

$$x'=v'_x t'=\left(\frac{c}{2}\cos 60^\circ\right)t'$$

$$y'=v'_y t'=\left(\frac{c}{2}\sin 60^\circ\right)t'$$

由洛伦兹变换得

$$x'=\frac{x-ut}{\sqrt{1-\left(\dfrac{u}{c}\right)^2}}=\left(\frac{c}{2}\cos 60^\circ\right)t'$$

$$=\frac{c}{2}\cos 60^\circ\cdot\frac{t-\dfrac{u}{c^2}x}{\sqrt{1-\left(\dfrac{u}{c}\right)^2}}$$

整理得

$$x-0.60ct=\frac{c}{2}\cos 60^\circ\left(t-\frac{0.60}{c}x\right)$$

于是

$$x=0.74ct$$

$$y'=y=\left(\frac{c}{2}\sin 60^\circ\right)t'$$

$$=\frac{c}{2}\sin 60^\circ\cdot\frac{t-\frac{u}{c^2}x}{\sqrt{1-\left(\frac{u}{c}\right)^2}}$$

$$=\frac{c}{2}\sin 60^\circ\cdot\frac{t-0.60\times 0.74t}{\sqrt{1-0.60^2}}$$

即

$$y=\frac{c}{2}\sin 60^\circ\cdot\frac{t-0.60\times 0.74t}{\sqrt{1-0.60^2}}$$

得

$$y=0.30ct$$

所以，由 S 系所确定的粒子的运动方程为

$$\begin{cases}x=0.74ct\\y=0.30ct\end{cases}$$

*4.2.3 洛伦兹速度变换式

在 S 系中，有

$$v_x=\frac{dx}{dt}\ v_y=\frac{dy}{dt}\ v_z=\frac{dz}{dt}$$

在 S' 系中，有

$$v'_x=\frac{dx'}{dt'}\ v'_y=\frac{dy'}{dt'}\ v'_z=\frac{dz'}{dt'}$$

将洛伦兹变换式对 t' 求导，有

$$\begin{cases}\dfrac{dx'}{dt'}=\dfrac{\frac{dx'}{dt}}{\frac{dt'}{dt}}=\dfrac{\frac{dx}{dt}-\beta c}{1-\frac{\beta}{c}\frac{dx}{dt}}\\[2ex]\dfrac{dy'}{dt'}=\dfrac{\frac{dy'}{dt}}{\frac{dt'}{dt}}=\dfrac{\frac{dy}{dt}\sqrt{1-\beta^2}}{1-\frac{\beta}{c}\frac{dx}{dt}}\\[2ex]\dfrac{dz'}{dt'}=\dfrac{\frac{dz'}{dt}}{\frac{dt'}{dt}}=\dfrac{\frac{dz}{dt}\sqrt{1-\beta^2}}{1-\frac{\beta}{c}\frac{dx}{dt}}\end{cases}$$

即

$$\begin{cases} v'_x = \dfrac{v_x - \beta c}{1 - \dfrac{\beta}{c} v_x} = \dfrac{v_x - u}{1 - \dfrac{u v_x}{c^2}} \\ v'_y = \dfrac{v_y \sqrt{1-\beta^2}}{1 - \dfrac{\beta}{c} v_x} = \dfrac{v_y \sqrt{1 - \left(\dfrac{u}{c}\right)^2}}{1 - \dfrac{u v_x}{c^2}} \\ v'_z = \dfrac{v_z \sqrt{1-\beta^2}}{1 - \dfrac{\beta}{c} v_x} = \dfrac{v_z \sqrt{1 - \left(\dfrac{u}{c}\right)^2}}{1 - \dfrac{u v_x}{c^2}} \end{cases} \tag{4.2.1}$$

式(4.2.1)即为相对论速度变换式，也称为洛伦兹速度变换式。

将 $v_x = c$ 代入式(4.2.1)，有

$$\begin{cases} v'_x = c \\ v'_y = 0 \\ v'_z = 0 \end{cases}$$

由此可见，在 S 系中光沿 x 轴的速率为 c，在 S' 系中光沿 x' 轴的速率仍为 c 即光在任何惯性系中的速率都是 c 。

速度的逆变换式为

$$\begin{cases} v_x = \dfrac{v'_x + u}{1 + \dfrac{u v'_x}{c^2}} \\ v_y = \dfrac{v'_y \sqrt{1 - \left(\dfrac{u}{c}\right)^2}}{1 + \dfrac{u v'_x}{c^2}} \\ v_z = \dfrac{v'_z \sqrt{1 - \left(\dfrac{u}{c}\right)^2}}{1 + \dfrac{u v'_x}{c^2}} \end{cases} \tag{4.2.2}$$

4.3 狭义相对论的时空观

4.3.1 同时的相对性

同时的相对性

如图 4.3.1 所示，S' 系相对于 S 系以速度 $\boldsymbol{u}$ 沿 x 轴运动，车厢在 S' 系中，对车厢内的观察者来说，从车厢中央的光源发出的光信号，向各方向传播的光速相等，而

左右两壁到光源的距离相等，因而光信号会同时到达左右两壁。但是 S 系中的观察者观察到的现象不一样，它看到在车厢的运动方向上，左壁迎着光信号运动，右壁以速度 $\boldsymbol{u}$ 背离光信号运动，因此光信号到达右壁比到达左壁要迟一些，即光信号不同时到达左右两壁。

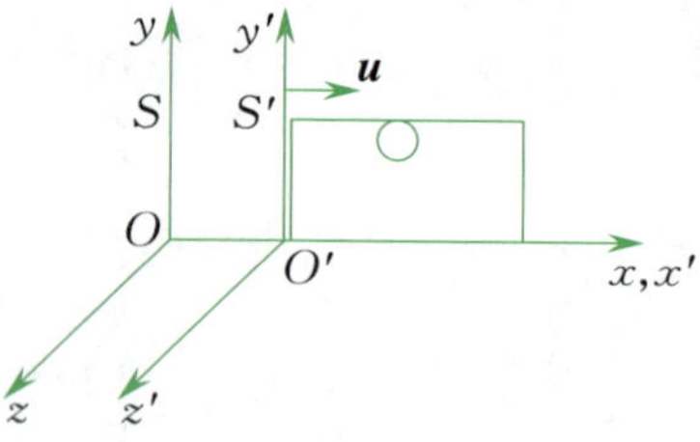

图 4.3.1　同时的相对性

狭义相对论认为：同时性应该是相对的。

设在惯性系 S 中观察到两事件 A 和 B 的时空坐标分别为 $(x_1, 0, 0, t_1)$ 和 $(x_2, 0, 0, t_2)$，在惯性系 S' 中观察到两事件的时空坐标分别为 $(x'_1, 0, 0, t'_1)$ 和 $(x'_2, 0, 0, t'_2)$。由洛伦兹变换，可得到在 S' 系中观察到两事件的时间间隔为

$$\Delta t' = t'_2 - t'_1 = \frac{(t_2 - t_1) - \frac{u}{c^2}(x_2 - x_1)}{\sqrt{1 - \left(\frac{u}{c}\right)^2}} \tag{4.3.1}$$

由此可见，这一时间间隔不仅与 S 系中观察到的两事件的时间间隔有关，而且与两事件的空间间隔有关。

设 $t_2 = t_1, x_2 \neq x_1$，即在 S 系中观察到两事件不是在同一地点发生的，则有

$$\Delta t' = -\frac{\frac{u}{c^2}}{\sqrt{1 - \left(\frac{u}{c}\right)^2}}(x_2 - x_1) \neq 0$$

即在 S' 系中观察到两事件不同时发生。

设 $t_2 = t_1, x_2 = x_1$，则 $\Delta t' = 0$。可见，在 S 系中不同地点 $(x_2 \neq x_1)$ 同时发生的两个事件，在 S' 系中观察并不是同时发生的。这一结论称为同时的相对性，而同一地点的事件的同时性是绝对的。

4.3.2　空间的相对性——长度收缩

长度收缩

如图 4.3.2 所示，设有两个观察者，在各自的惯性系 S 和 S' 中对同一刚性尺的长度进行测量。已知尺沿 x 轴和 x' 轴放置，并相对 S' 系静止。在 S' 系中，由于尺静止，对尺两端的坐标不必同时进行测量，测得尺两端的坐标分别为 x'_1 和 x'_2，尺的长度为 $l_0 = x'_2 - x'_1$。

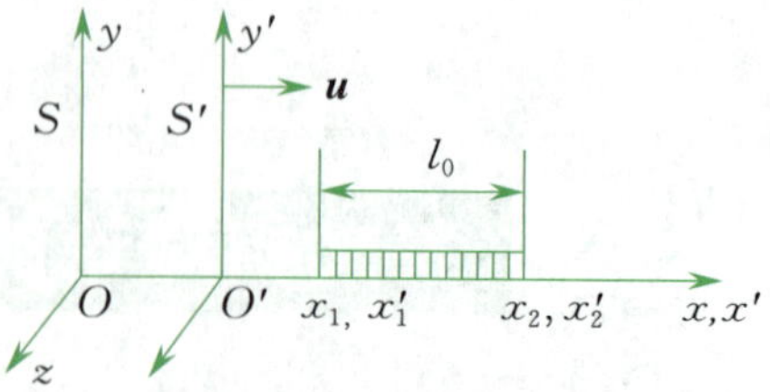

图 4.3.2　长度收缩

从相对静止的惯性系中测得的物体的长度 l_0，称为固有长度。

在 S 系中，由于尺在运动，必须同时对尺两端的坐标进行测量，测得 t 时刻尺两端的坐标分别为 x_1 和 x_2，则尺的长度为 $l = x_2 - x_1$。从运动惯性系中测得的物体的长度为运动长度。

由洛伦兹变换，有

$$x'_1=\frac{x_1-ut}{\sqrt{1-\left(\frac{u}{c}\right)^2}},x'_2=\frac{x_2-ut}{\sqrt{1-\left(\frac{u}{c}\right)^2}}$$

长度为

$$l_0=x'_2-x'_1=\frac{x_2-x_1}{\sqrt{1-\left(\frac{u}{c}\right)^2}}=\frac{l}{\sqrt{1-\left(\frac{u}{c}\right)^2}}$$

即

$$l=l_0\sqrt{1-\left(\frac{u}{c}\right)^2} \tag{4.3.2}$$

由此可见，在 S 系中测得的尺的长度(运动长度)比静止长度，即运动物体在其运动方向上的长度缩短了。这就是长度收缩。运动长度总小于固有长度。

需要说明以下几点。

(1)长度收缩是相对论效应，是一种普遍的时空性质。

(2)运动物体的长度收缩是相对的，在 S 系中测量相对 S' 系静止的尺，尺的长度收缩了；反过来，在 S' 系中测量相对于 S 系静止的尺，尺的长度也收缩了。

(3)长度收缩只发生在运动方向上，与运动方向垂直的方向上不发生长度收缩。

(4)运动物体的长度收缩与同时的相对性密切相关。

例 4.3.1

如图 4.3.3 所示，一根长为 l_0 的尺静止于 S' 系中，它位于 $x'O'y'$ 平面内，与 x' 轴的夹角为 θ_0。求在 S 系中测得的尺的长度 l 及尺与 x 轴的夹角 θ 。

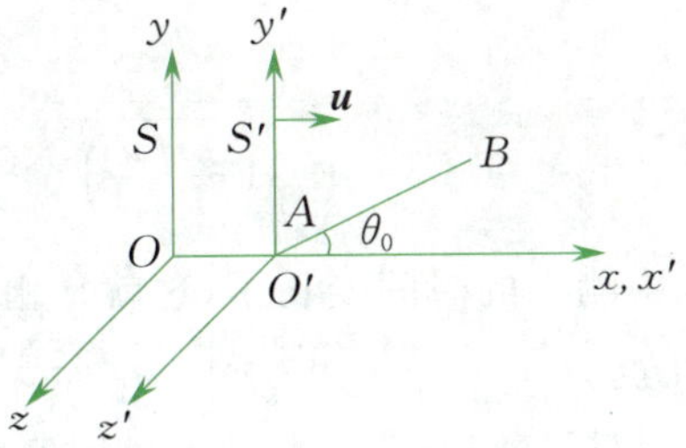

图 4.3.3　例 4.3.1 图

解　用 A、B 分别标记尺的两端点。在 S' 系中，两端点的坐标分别为 $x'_A=0$，$y'_A=0$；$x'_B=l_0\cos\theta_0$，$y'_B=l_0\sin\theta_0$。尺在 x' 轴上投影的长度为 $l'_x=x'_B-x'_A=l_0\cos\theta_0$，尺在 y' 轴上投影的长度为 $l'_y=y'_B-y'_A=l_0\sin\theta_0$。

由长度收缩公式，在 S 系中，尺在 x 轴上投影的长度为

$$l_x=l'_x\sqrt{1-\left(\frac{u}{c}\right)^2}=l_0\cos\theta_0\sqrt{1-\left(\frac{u}{c}\right)^2}$$

尺在 y 轴上投影的长度为 $l_y = l'_y = l_0 \sin\theta_0$，故在 S 系中测得的尺的长度为

$$l = \sqrt{l_x^2 + l_y^2} = l_0\sqrt{1 - \frac{u^2}{c^2}\cos^2\theta_0}$$

尺与 x 轴的夹角为

$$\theta = \arctan\frac{l_y}{l_x} = \arctan\frac{\tan\theta_0}{\sqrt{1-\left(\frac{u}{c}\right)^2}}$$

4.3.3 时间的相对性——时间延缓

时间延缓

设在 S' 系中的 x' 处有一静止的时钟，同一物理过程的起始和终了（两个事件）均发生在 x' 处，它们发生的时刻分别为 t'_1 和 t'_2，两事件的时间间隔为 $\Delta t' = t'_2 - t'_1 = \tau_0$。

两事件发生在同一地点，时间间隔 τ_0 称为固有时间。

在 S 系中测量，两事件分别于 t_1 和 t_2 时刻发生，时间间隔为 $\Delta t = t_2 - t_1$，则

$$t_1 = \frac{t'_1 + \frac{u}{c^2}x'}{\sqrt{1-\left(\frac{u}{c}\right)^2}},\quad t_2 = \frac{t'_2 + \frac{u}{c^2}x'}{\sqrt{1-\left(\frac{u}{c}\right)^2}}$$

$$\Delta t = t_2 - t_1 = \frac{t'_2 - t'_1}{\sqrt{1-\left(\frac{u}{c}\right)^2}} = \frac{\tau_0}{\sqrt{1-\left(\frac{u}{c}\right)^2}}$$

$$\tau = \frac{\tau_0}{\sqrt{1-\left(\frac{u}{c}\right)^2}} \tag{4.3.3}$$

由此可见，S 系中测得的时间变长了，这就是相对论中的时间延缓。

需要说明以下几点。

（1）时间延缓是相对论效应，是一种普遍的时空性质。

（2）时间延缓是相对的，在 S 系中观察，相对 S' 系静止的时钟走慢了；反过来，在 S' 系中观察，相对 S 系静止的时钟也走慢了。

（3）时间延缓与同时的相对性密切相关。

*4.4 光的多普勒效应

时间延缓直接导致相对论性的多普勒效应（多普勒频移）。当光源与观察者之

间有相对运动时，观察者测得的光波频率将与光源静止时的光波频率有差别，这种差别就是多普勒频移。经典物理学也预言了多普勒频移，但狭义相对论的预言与经典物理学的预言不同。两种预言之间的差别是由运动时钟的速率与静止时钟的速率不同造成的，也就是时间延缓效应造成的。

光波的频率和传播的方向在洛伦兹变换下按如下公式变换：

$$\nu' = \left(1 - \frac{\nu\cos\theta}{c}\right)\sqrt{1 - \frac{u^2}{c^2}\cos\theta'} \tag{4.4.1}$$

其中，ν 和 ν' 分别为在 S 系和 S' 系中测得的光波频率；θ 和 θ' 分别为光波的传播方向与 x 轴和 x' 轴的正方向之间的夹角。当 $\theta = 90°$（垂直于光波方向）时，

$$\nu' = \frac{\nu}{\sqrt{1 - \frac{u^2}{c^2}}} \tag{4.4.2}$$

这就是横向多普勒效应（经典物理学中没有这种效应）。横向多普勒效应实际上来自时间延缓效应，这已被很多实验直接证实。

相对论的实际应用有很多，在医院的放射治疗部，大多设有一台粒子加速器，用于产生高能粒子以制造同位素，作治疗之用。由于粒子运动的速度十分接近光速，故粒子加速器的设计和使用必须考虑相对论效应。全球卫星定位系统的卫星上的原子钟对精确定位非常重要。这些卫星上配置的软件需要计算和抵消相对论效应，以确保定位准确。

4.5 相对论动量和能量

4.5.1 狭义相对论动力学的基本方程

狭义相对论力学的基本方程

动量守恒定律是自然界的普遍规律之一，在经典力学中，质点的质量是与速度无关的常量。故经典力学中动量表达式中的速度变换遵循的是伽利略速度变换。把它推广到相对论力学中，在洛伦兹变换下重新表述，就可以导出相对论质量的表达式。用 m_0 表示物体静止时的质量，m 表示物体以速率 u 运动时的质量，则相对论质量为

$$m = \frac{m_0}{\sqrt{1 - \left(\frac{u}{c}\right)^2}} \tag{4.5.1}$$

如图 4.5.1 所示，当 $u=0$ 时，$m = m_0$，即 m_0 是在与物体相对静止的参考系中测得的物体的质量，称为静止质量。式(4.5.1)称为相对论质量公式。

需要说明以下几点。

(1) $u \ll c$ 时，$m \to m_0$，回到经典力学的结论。

(2)若 u 增大，则 m 增大。

(3)光子的静止质量为 0。

在相对论中，相对论动量为

$$p = mu = \frac{m_0 u}{\sqrt{1-\left(\frac{u}{c}\right)^2}} \tag{4.5.2}$$

这时，动量定理和动量守恒定律仍然成立，方程

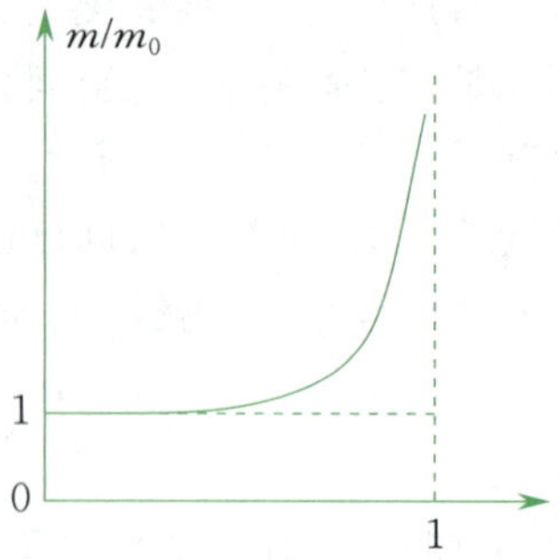

图 4.5.1　m/m_0 与 u/c 的关系曲线

$$F = \frac{\mathrm{d}p}{\mathrm{d}t} = \frac{\mathrm{d}}{\mathrm{d}t}(mu) = \frac{\mathrm{d}}{\mathrm{d}t}\frac{m_0 u}{\sqrt{1-\left(\frac{u}{c}\right)^2}} \tag{4.5.3}$$

称为狭义相对论动力学的基本方程。可以证明，在洛伦兹变换下，式(4.5.3)对所有惯性系都具有相同的形式。

式(4.5.3)可写为

$$F = m\frac{\mathrm{d}u}{\mathrm{d}t} + \frac{\mathrm{d}m}{\mathrm{d}t}u = ma + \frac{\mathrm{d}m}{\mathrm{d}t}u \tag{4.5.4}$$

当 $u \ll c$ 时，$m \approx m_0$ 为恒量，式(4.5.4)化为经典力学的牛顿第二定律。

4.5.2 能量与质量的关系

在相对论力学中，力 $\boldsymbol{F}$ 对粒子做功，使它的速率由 0 增大到 v，力 $\boldsymbol{F}$ 所做的功仍和粒子的动能增量相等。用 E_k 表示粒子速率为 v 时的动能，则由动能定理可得

$$E_k = mc^2 - m_0c^2 \tag{4.5.5}$$

这就是相对论动能公式。其中，m_0 为静止质量，m 为相对论质量。

静止能为

$$E_0 = m_0c^2 \tag{4.5.6}$$

相对论能量(静止能与动能之和)为

$$E = mc^2 \tag{4.5.7}$$

这就是爱因斯坦提出的质能关系，它表明质量和能量这两个重要物理量之间有着密切关系。如果一个物理系统与外界没有能量交换，质点的能量守恒，则质点的质量也必然守恒，系统能量的改变也必然伴随系统质量的改变，因此质能关系也常常写成

$$\Delta E = \Delta mc^2 \tag{4.5.8}$$

质能关系是狭义相对论的一个重要结论，核能的释放与应用，就是相对论质能关系的一个重要实验验证，也是质能关系的重要应用之一。质能关系奠定了核能时代的理论基础。

*4.5.3 质能关系在原子核裂变和聚变中的应用

(一)核裂变

有些重原子核能分裂成两个较轻的核,同时释放能量,这个过程称为裂变。如

$$^{235}_{92}U+^{1}_{0}n \longrightarrow ^{139}_{54}Xe+^{95}_{38}Sr+2^{1}_{0}n$$

铀-235 核($^{235}_{92}U$)发生核裂变的生成物的总静止质量比铀-235 核的质量小 0.22 u(1 u≈1.66×10^{-27} kg),因此一个铀-235 核在裂变时释放的能量为

$$\Delta E=\Delta mc^2=0.22\times1.66\times10^{-27}\times(3.0\times10^8)^2\ \mathrm{J}\approx3.3\times10^{-11}\ \mathrm{J}$$

(二)轻核聚变

有些轻原子核结合在一起形成较大的原子核,同时释放能量,这个过程称为聚变。如

$$^{2}_{1}H+^{3}_{1}H \longrightarrow ^{4}_{2}He+^{1}_{0}n$$

生成物的总静止质量比两个氢核的质量小 0.026 u,因此两个氢核在聚变时释放的能量为

$$\Delta E=\Delta mc^2=0.026\times1.66\times10^{-27}\times(3.0\times10^8)^2\ \mathrm{J}\approx3.9\times10^{-12}\ \mathrm{J}$$

由于氢核的质量比铀-235 核的质量小,所以就单位质量而言,轻核聚变时释放的能量比重核裂变时释放的能量大得多。

核能被称为能源骄子,它是唯一能够取代化石能源的高效、经济、清洁的能源,1 kg 铀-235 核释放的能量是 1 kg 煤燃烧释放能量的 2.87×10^6 倍。秦山核电站一期装机容量为 3×10^5 kW,仅需铀-235 核约 30 kg。

4.5.4 动量和能量的关系

由相对论质量公式[式(4.5.1)]可得到动量和能量之间的关系为

$$(mc^2)^2=(m_0c^2)^2+m^2u^2c^2 \tag{4.5.9}$$

因为 $E=mc^2$,$E_0=m_0c^2$,$p=mu$,所以式(4.5.9)又可以写为

$$E^2=E_0^2+p^2c^2 \tag{4.5.10}$$

为了便于记忆,我们结合直角三角形中的勾股定理来表示相对论动量和能量之间的关系,如图 4.5.2 所示。

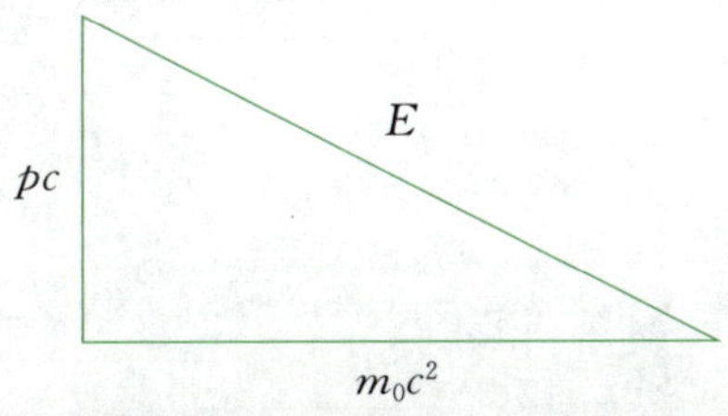

图 4.5.2 相对论动量和能量之间的关系

思考题

4.1　如何理解洛伦兹变换的物理意义？洛伦兹变换与伽利略变换的区别是什么？

4.2　长度的量度和同时性有什么关系？为什么长度的量度和参考系有关？

4.3　两个相对运动的标准时钟 A 和 B，从 A 所在的惯性系中观察，哪个钟走得快？从 B 所在的惯性系中观察，情况又如何呢？

4.4　狭义相对论中，能量与动量有什么关系？

4.5　狭义相对论中，能量与质量有什么关系？

2 第二篇 热学

热学起源于人类对冷热现象的探索。人类生存在季节交替、气候变化的自然界中，冷热现象是人们最早观察和认识的自然现象。热学主要研究热现象及其规律，热现象是与分子热运动相关的现象，是大量微观粒子永不停息的无规则热运动的宏观表现。

第二篇热学主要包括气体动理论和热力学基础两部分，主要内容包括研究热现象的微观理论和宏观理论。气体动理论是研究热现象的微观理论，它从物质的微观结构出发，应用力学规律和统计方法来获得大量气体分子微观量的统计平均值，建立宏观量与微观量的定量关系，从而揭示热学宏观量的微观本质。热力学基础是研究热现象的宏观理论，它通过实验方法总结归纳出自然界有关热现象的实验定律，从宏观上研究物质的热力学规律及自发的热力学过程的方向性。气体动理论可由热力学实验验证，而热力学的宏观理论可利用气体动理论进行分析，从而揭示热现象及热力学规律的微观本质。

第五章

气体动理论

气体动理论以气体为研究对象，从气体分子无规则热运动入手，先应用质点动力学方法对单个分子的运动规律进行研究，再利用统计的方法对大量气体分子的集体行为进行研究。理论发现气体的宏观性质是大量微观粒子热运动的集体表现，宏观量是微观量的统计平均值。由此揭示微观粒子热运动与物质宏观热学性质之间的关联，从本质上解释气体分子热运动的规律。

本章的主要内容有平衡态、理想气体的物态方程、热力学第零定律、物质的微观模型、理想气体的压强和温度的微观解释、能量均分定理、气体分子的速率分布规律，以及气体分子的平均自由程和平均碰撞频率等。本章的核心问题是用统计方法对宏观状态参量进行微观解释，计算理想气体内能。

5.1 热力学系统 状态参量 平衡态

5.1.1 宏观描述方法与微观描述方法简介

(一)热学的研究对象及其特点

热学是研究物质分子热运动规律及与热现象相联系的各种规律的科学,如膨胀、水和冰的转化、钢的硬度变化、导体温度升高时电阻增大、对流、辐射等。

热学简介

宏观物质是由大量微观粒子构成的,微观粒子处于永不停息的无规则热运动中,大量微观粒子的无规则热运动决定了宏观物质的热学性质。

(二)宏观描述方法和微观描述方法

热学有宏观描述方法(热力学方法)和微观描述方法(统计物理学)。

热力学是热学的宏观理论,它从对热现象的大量直接观察和实验测量总结归纳出来的普适的基本定律出发,应用数学方法,通过逻辑推理,得到有关物质各种宏观性质之间的关系、宏观物理过程进行的方向性和限度等。

热力学基本定律是自然界中的普适规律,只要在数学推理过程中不加入其他假设,这些结论就同样具有可靠性和普遍性,这是它的最大优点。但是热力学也有其局限性:第一,它只适用于粒子数较多的宏观系统;第二,它主要用于研究平衡态的性质,不能解答如何从非平衡态进入平衡态的问题;第三,它把物质看作连续体,不考虑物质的微观结构。

统计物理学是热学的微观描述方法,它从物质由大量原子、分子组成的观点出发,运用统计的方法,把宏观性质看作由微观粒子热运动的统计平均值所决定,由此找出微观量和宏观量之间的关系。

统计物理学很好地弥补了热力学的不足,使热力学的理论获得更加深刻的物理意义,但是它也具有局限性,主要表现为在数学上会遇到很大的困难,所以必须对物质的微观模型进行简化,所得结论经常与实验不完全相符。

5.1.2 热力学系统及状态参量

(一)热力学系统

热力学系统及状态参量

热学所研究的对象称为热力学系统(简称系统),与系统存在密切联系(存在做功、热量传递或粒子数交换)的系统以外的部分称为外界或媒介。

根据系统与外界之间的相互关系，可以将系统分为以下三类。

(1)孤立系统：与外界不发生任何能量和物质交换的系统。

(2)封闭系统：与外界只存在能量交换而没有物质交换的系统。

(3)开放系统：与外界既可以发生物质交换，也可以发生能量交换的系统。

对一个系统而言，单个分子的运动是无规则的，但是大量分子的集体表现却存在着统计规律性。描述单个分子特征的量称为微观量，如分子的大小、质量、速度、动量及能量等。微观量难以由实验直接测量，在实验中可以测得大量分子的集体表现特征，用来描述这些集体特征的量称为宏观量，如气体的温度、压强等。宏观量与微观量之间存在着必然的联系。

(二)状态参量

用来描述系统性质的物理量称为状态参量。若要描述一定量的气体，则可以用体积 V 、压强 p 和温度 T 来描述它的状态。体积、压强和温度这三个物理量称为气体的状态参量。

(1)体积 V：气体分子所能到达的空间尺度。在国际单位制中，体积的单位是m^3。

(2)压强 p：气体分子垂直作用于器壁单位面积上的力，是大量气体分子与器壁碰撞的宏观表现。在国际单位制中，压强的单位是 Pa(帕斯卡)。$1\ Pa=1\ N\cdot m^{-2}$。

(3)温度 T：反映物体冷热程度的物理量，其值反映物体内部分子热运动的剧烈程度。常用温标有热力学温标与摄氏温标。摄氏温度 t 的单位是℃(摄氏度)，热力学温度 T 的单位是 K(开尔文)。这两种温标之间的数值关系(不考虑单位)为

$$T=273.15+t$$

5.1.3 平衡态

在不受外界条件影响的情况下，经过足够长的时间后系统必将达到一个宏观上看来不随时间变化(描述系统的状态参量不再随时间改变)的状态，这种状态称为平衡态。

实际上，不受外界影响、永远保持状态不变的系统是没有的。平衡态是一种理想状态，是在一定的条件下，对实际情况的概括和抽象。当实际系统处于相对稳定的情形时，可以近似认为该系统处于平衡态(见图 5.1.1)。另外，系统处于平衡态时，虽然它的宏观性质不随时间发生改变，但分子的无规则热运动并没有停止，分子与分子之间、分子与器壁之间仍然存在着不断的碰撞和能量交换，呈现的是一种复杂的分子热运动情形。所以，热力学中的平衡态实际上是一种热动平衡状态。

图 5.1.1　平衡态

5.2　热力学第零定律　物态方程

热力学第零定律　物态方程

5.2.1　热力学第零定律及其物理意义

（一）绝热壁与导热壁

设想有一个两端开口的绝热气缸，其中部有一个不透气的固定隔板把它分割为两部分。两活塞分别把一定量气体密封在气缸的左、右两部分中。若不管怎样移动左边气缸中的活塞，总是不会改变右边气缸中气体的状态，则固定于气缸中央的隔板称为绝热壁；若右边气体的状态可能随左边活塞的移动而改变，则这种隔板称为导热壁。

（二）热力学第零定律

如图 5.2.1 所示，在不受外界影响的情况下，只要 A 和 B 同时与 C 处于热平衡，即使 A 和 B 没有接触，它们也相互处于热平衡，这种规律称为热力学第零定律。

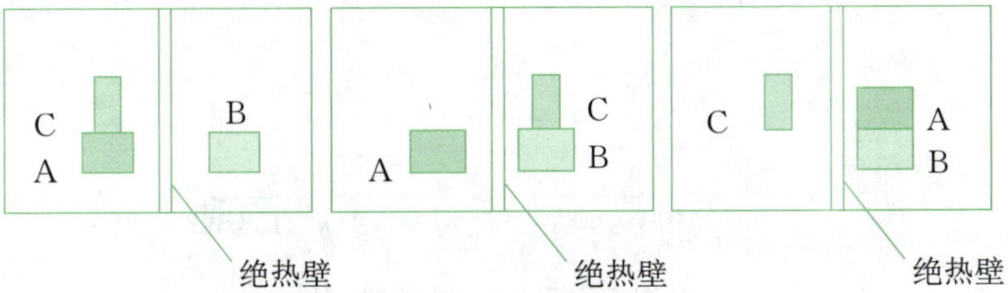

图 5.2.1　热力学第零定律

（三）热力学第零定律的物理意义

（1）互为热平衡的物体之间必存在一个相同的特征，即它们的温度是相同的。

（2）热力学第零定律不仅给出了温度的概念，而且指出了判别温度是否相同的方法。

5.2.2 温度 温标

（一）温标的建立

热力学第零定律指出了利用温度计来判别温度是否相同的方法，但要确定温度的数值，就必须给出温度的数值表示法——温标。

一般来说，任意物质的任意属性，只要它随冷热程度发生单调的、显著的变化，都可被用来计量温度，以此确定的温标称为经验温标。建立一套经验温标一般需要三个步骤：①选择某种物质（测温物质）的某一随温度变化的属性（测温属性）来标记温度；②选定固定点；③进行分度，即对测温属性与温度的变化关系进行规定。

（二）理想气体温标

以理想气体为测温物质，利用理想气体物态方程（5.2.4 小节中详细介绍）中体积（压强）不变时压强（体积）与温度成正比关系所确定的温标称为理想气体温标，即

$$T(p)=\frac{pV_0}{\nu R} \tag{5.2.1}$$

其中，$R=8.31\ \mathrm{J\cdot K^{-1}\cdot mol^{-1}}$，称为普适气体常量；$\nu$ 为气体的物质的量。

$$p_{\mathrm{tr}}=\frac{\nu R}{V_0}\times 273.15\ \mathrm{K} \tag{5.2.2}$$

其中，p_{tr} 为定容气体温度计在水的三相点（气态、液态、固态三相共存点）时的压强。

$$T(p)=273.15\cdot\lim_{p_{\mathrm{tr}}\to 0}\frac{p}{p_{\mathrm{tr}}}\text{（体积不变）} \tag{5.2.3}$$

T-p_{tr} 曲线如图 5.2.2 所示。

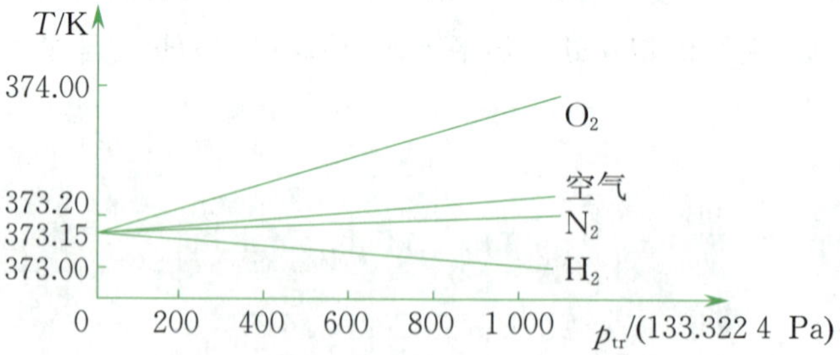

图 5.2.2 T-p_{tr} 曲线

（三）摄氏温标、华氏温标与兰氏温标

华氏温标与摄氏温标的数值关系（不考虑单位）为

$$t_{\mathrm{F}}=\frac{9}{5}t+32$$

其中，t 为摄氏温标（℃）；t_{F} 为华氏温标（℉）。

兰氏温标与热力学温标的数值关系(不考虑单位)为

$$T_R = 1.8T$$

其中,T_R 为兰(金)氏温标(°R);T 为热力学温标(K)。

兰氏温标与华氏温标的数值关系(不考虑单位)为

$$T_R = t_F + 459.67$$

几种常用温标的关系如表 5.2.1 所示。

表 5.2.1 几种常用温标的关系

温标	单位	符号	固定点的温度值				与热力学温标的数值关系	使用情况
			绝对零度	冰点	三相点	汽点		
热力学温标	K	T	0	273.15	273.16	373.15	—	国际通用
摄氏温标	℃	t	−273.15	0.00	0.01	100.00	$t = T - 273.15$	国际通用
华氏温标	°F	t_F	−459.67	32.00	32.02	212.00	$t_F = \frac{9}{5}T - 459.67$	英、美等国使用
兰氏温标	°R	T_R	0	491.67	491.69	671.67	$T_R = 1.8T$	英、美等国使用

(四)热力学温标

热力学温标是一种不依赖测温物质和测温属性的温标。

热力学温标只是一种理想化的温标,但它与理想气体温标是一致的。只要在理想气体温标适用(气体温度计能精确测量温度)的范围内,热力学温标就可以通过理想气体温标来实现。

5.2.3 物态方程

处于平衡态的某种物质的状态参量(如压强、温度等)之间所满足的函数关系称为该物质的物态方程或状态方程。

对一定量的气体来说,当其状态参量中的任意一个变化时,另外两个状态参量一般也会随之改变,这三个状态参量所满足的函数关系就是此气体处于平衡态时的物态方程,如 $f = f(p, V, T)$。

5.2.4 理想气体物态方程

将气体的温度和压强与室温和大气压比较,当温度较高、压强较低时,各种气体的物态方程可用同一个方程表示:

$$pV = \frac{m'}{M}RT \tag{5.2.4}$$

其中，M 为气体的摩尔质量；m' 为气体的质量。能够严格满足式(5.2.4)的气体为理想气体，式(5.2.4)为理想气体物态方程。

设 m 为气体分子的质量，N 为气体分子数，N_A 为阿伏伽德罗常量，气体的质量 $m'=mN$，气体的摩尔质量为 $M=mN_A$，理想气体物态方程可化为

$$pV=\frac{N}{N_A}RT\quad p=\frac{N}{V}\frac{R}{N_A}T$$

令 $k=\frac{R}{N_A}=1.38\times10^{-23}\ \mathrm{J\cdot K^{-1}}$，称为玻尔兹曼常量；$n=\frac{N}{V}$，称为分子数密度。于是有

$$p=nkT \tag{5.2.5}$$

这是理想气体物态方程的另一种常用形式。

例 5.2.1

若理想气体的体积为 V，压强为 p，温度为 T，一个分子的质量为 m，k 为玻尔兹曼常量，R 为普适气体常量，求该理想气体的分子数。

解 该理想气体的分子数为

$$N=nV=\frac{pV}{kT}$$

5.3 物质的微观模型及统计规律性

5.3.1 物质由大量分子组成

(一)物质由大量分子组成的含义

$$N_A=6.02\times10^{23}\ \mathrm{mol^{-1}}$$

物质由大量分子组成，是指宏观物质是不连续的，它由大量分子(或原子、离子)组成。

物质的微观模型及统计规律性

(二)分子热运动的例证——扩散、布朗运动与涨落现象

1. 分子或原子处于不停的热运动

物体里的分子永不停息地做无规则运动，这种运动与温度有关，通常把分子的这种运动称为热运动。

(1)扩散：系统中的每个分子都在不停地运动着，扩散现象就是由分子的运动

形成的。不仅气体和液体中有扩散现象，固体中也有扩散现象。例如，普通白炽灯用久了，灯泡就会发黑，这是灯丝的金属分子扩散而附着在灯泡的玻璃内壁上所致。

(2)布朗运动：悬浮在液体中的固体微粒的无规则运动。

关于布朗运动，要注意以下几点。

①成立条件：微粒足够小。

②温度越高，布朗运动越激烈。

③观察到的是固体微粒(不是液体，也不是固体分子)的无规则运动，反映的是液体分子运动的无规则性。

④布朗运动实验中描绘出的是某固体微粒每隔一段时间(如 30 s)的位置的连线，不是该微粒的运动轨迹。

⑤微粒越小，布朗运动越明显。

2. 涨落现象

虽然系统微观统计平均值就是宏观热力学量，但实际上宏观热力学量在统计平均值附近还存在偏离，这种现象称为涨落，偏离的值称为偏差。偏差有大有小，有正有负。

可以证明，在粒子可自由出入的某空间范围内，粒子数的相对涨落反比于系统中粒子数 N 的平方根，即

$$\frac{\left[\overline{(\Delta N)^2}\right]^{\frac{1}{2}}}{N} \propto \frac{1}{\sqrt{N}}$$

粒子数越少，涨落现象越明显。

5.3.2 分子的线度和分子间的相互作用力

物质由彼此不连续的大量分子(原子)组成，分子(原子)不停地做无规则运动，热运动会使分子尽量散开，但是固体、液体却能保持一定体积，这说明分子间还存在相互作用力。物质呈气态、液态、固态三种物态以及它们之间的相互转化等现象都与分子间的相互作用力相关。

(一)分子间的引力和斥力

很多物质的分子间的引力作用半径为分子直径的 2 倍左右，超过这一距离，分子间的引力作用已很小。

分子间的斥力作用半径就是两分子刚好“接触”时两分子的质心间的距离。

(二)分子间相互作用力的特点

(1)分子间同时存在引力和斥力，分子间的相互作用力为引力和斥力的合力。

(2)引力和斥力都随着距离的增大而减小。

(3)斥力比引力变化快。

（三）F-r 曲线

用 F 表示分子间的相互作用力，r 表示分子间的距离，则 F-r 曲线如图 5.3.1 所示。在 $r=r_0$ 处，引力和斥力大小相等，此处称为平衡位置。

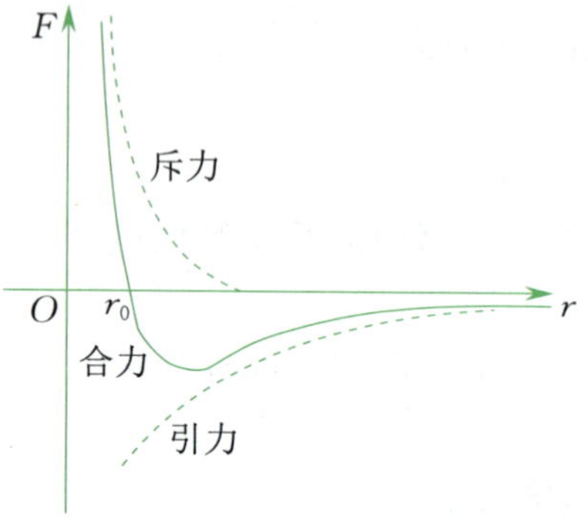

图 5.3.1　F-r 曲线

（四）分子间的相互作用力随分子间距离变化的规律

(1) $r<r_0$ 时表现为斥力。

(2) $r=r_0$ 时分子间相互作用力为零。

(3) $r>r_0$ 时表现为引力。

(4) $r>10r_0$ 以后，分子间相互作用力变得十分微弱，可以忽略不计。

（五）分子间相互作用力是电场力的表现

分子间相互作用力是一种电磁相互作用力，它是一种保守力，因此分子间具有势能，称为分子势能。

5.4 理想气体微观描述的初级理论

5.4.1 理想气体的微观模型

(1)分子本身线度比分子间距离小得多，可忽略不计。

洛施密特(Loschmidt)常量：

$$n_0=\frac{6.02\times10^{23}}{22.4\times10^{-3}}\ \mathrm{m^{-3}}=2.7\times10^{25}\ \mathrm{m^{-3}}$$

标准状态下分子间的平均距离：

$$\overline{L}=\left(\frac{1}{n_0}\right)^{\frac{1}{3}}=\left(\frac{1}{2.7\times10^{25}}\right)^{\frac{1}{3}}\ \mathrm{m}=3.3\times10^{-9}\ \mathrm{m}$$

氮分子半径：

$$r=\left(\frac{3}{4\pi n}\right)^{\frac{1}{3}}=\left(\frac{3M_m}{4\pi\rho N_A}\right)^{\frac{1}{3}}=2.4\times10^{-10}\ \mathrm{m}$$

(2)除碰撞瞬间外，分子间相互作用力可忽略不计。分子在两次碰撞之间做自由的匀速直线运动。

(3)处于平衡态的理想气体，分子之间及分子与器壁间的碰撞是完全弹性碰撞。

(4)分子的运动遵循经典力学的规律，处于平衡态的气体均具有分子混沌性。

在常温下，压强在数个大气压以下的气体，一般可很好地满足理想气体物态方程。

5.4.2 理想气体的压强公式

如图 5.4.1 所示，设边长分别为 x、y 及 z 的长方体中有 N 个全同的质量为 m 的气体分子，计算器壁 A_1 所受压强。

理想气体的压强公式

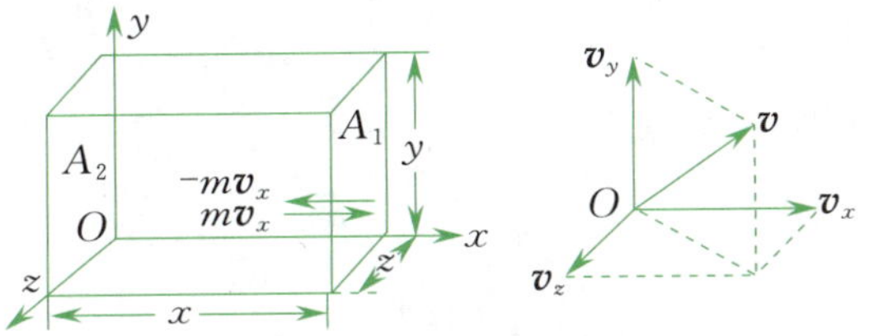

图 5.4.1 计算理想气体的压强

单个分子与器壁碰撞的特性：偶然性、不连续性。

大量分子与器壁碰撞的总效果：恒定的、持续的力的作用。

热动平衡的统计规律(平衡态)如下。

(1)分子按位置的分布是均匀的，即

$$n=\frac{\mathrm{d}N}{\mathrm{d}V}=\frac{N}{V}$$

(2)分子沿各方向运动的概率相等。

分子运动速度为

$$\boldsymbol{v}_i=v_{ix}\boldsymbol{i}+v_{iy}\boldsymbol{j}+v_{iz}\boldsymbol{k} \tag{5.4.1}$$

因分子沿各方向运动的概率相等，故

$$\overline{v}_x=\overline{v}_y=\overline{v}_z=0 \tag{5.4.2}$$

分子沿 x 轴方向运动的速度平方的平均值为

$$\overline{v_x^2}=\frac{1}{N}\sum_i v_{ix}^2 \tag{5.4.3}$$

分子沿各方向运动的概率相等，所以

$$\overline{v_x^2}=\overline{v_y^2}=\overline{v_z^2}=\frac{1}{3}\overline{v^2} \tag{5.4.4}$$

单个分子遵循力学规律，则 x 轴方向动量的变化量为

$$\Delta p_{ix} = -2mv_{ix}$$

分子对器壁 A_1 的冲量为 $2mv_{ix}$，两次碰撞间隔时间为 $2x/v_{ix}$，单位时间内碰撞次数为 $v_{ix}/2x$，单个分子在单位时间内对器壁的冲量为 mv_{ix}^2/x。

大量分子的总效果，即单位时间内 N 个粒子对器壁的总冲量为

$$\sum_i \frac{mv_{ix}^2}{x} = \frac{m}{x}\sum_i v_{ix}^2 = \frac{Nm}{x}\sum_i \frac{v_{ix}^2}{N} = \frac{Nm}{x}\overline{v_x^2}$$

器壁 A_1 所受平均冲力为

$$\overline{F} = \overline{v_x^2}Nm/x$$

气体压强为

$$p = \frac{\overline{F}}{yz} = \frac{Nm}{xyz}\overline{v_x^2}$$

根据统计规律，得

$$n = \frac{N}{xyz}, \overline{v_x^2} = \frac{1}{3}\overline{v^2}$$

分子平均平动动能为

$$\overline{\varepsilon}_k = \frac{1}{2}m\overline{v^2}$$

故压强为

$$p = \frac{2}{3}n\overline{\varepsilon}_k \tag{5.4.5}$$

压强的物理意义：压强是大量分子对时间和面积的统计平均结果。

5.4.3 理想气体的温度与分子平均平动动能的关系

理想气体的温度与分子平均平动动能的关系

（一）理想气体温度的微观本质

$$\left.\begin{array}{l} p = nkT \\ p = \frac{2}{3}n\overline{\varepsilon}_k \end{array}\right\} \Rightarrow \overline{\varepsilon}_k = \frac{1}{2}m\overline{v^2} = \frac{3}{2}kT$$

由此可知，温度是分子热运动剧烈程度的量度。

（二）温度的物理意义

（1）温度是分子平均平动动能的量度，即 $\overline{\varepsilon}_k \propto T$（反映热运动的剧烈程度）。

（2）温度是大量分子的集体表现，谈单个分子的温度无意义。

（3）在同一温度下，各种气体分子的平均平动动能均相等（与热力学第零定律一致）。

例 5.4.1

容器内有 $m'=2.66$ kg 氧气，已知其气体分子的平动动能总和是 $E_k=4.14\times10^5$ J，求：(1) 气体分子的平均平动动能；(2) 气体温度。

解 (1) 由于 $\dfrac{m'}{M}=\dfrac{N}{N_A}$，所以

$$N=\frac{m'N_A}{M}$$

则气体分子的平均平动动能为

$$\bar{\varepsilon}_k=\frac{E_k}{N}=\frac{ME_k}{m'N_A}=8.27\times10^{-21}\ \mathrm{J}$$

(2) 气体温度为

$$T=\frac{2}{3k}\bar{\varepsilon}_k=400\ \mathrm{K}$$

5.5 自由度 能量均分定理 理想气体内能

5.5.1 自由度

自由度 能量均分定理 理想气体内能

(一) 机械运动的基本运动形式

一般运动可看作基本运动(平动、转动、振动)形式的叠加，如图 5.5.1 所示。例如，自行车轮子(刚体)的运动是 C 轴的平动与绕 C 轴转动的叠加，如图 5.5.2 所示。

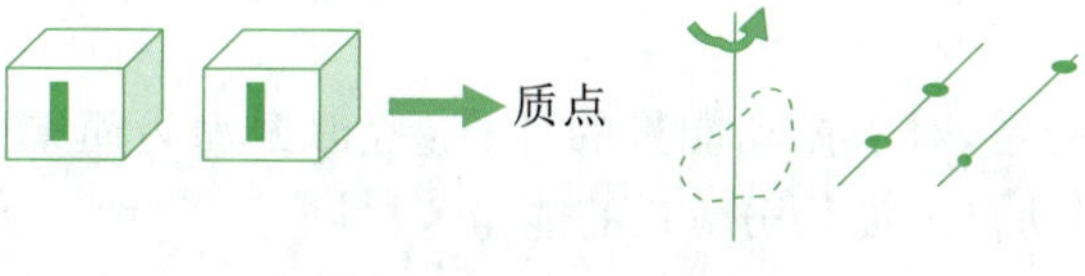

图 5.5.1 基本运动形式

图 5.5.2 自行车轮子的运动

（二）自由度的含义

在力学中，确定物体空间位置所需要的独立坐标数目称为该物体的自由度。在分子动理论中，分子能量的表达式中速度和坐标的二次方项的数目，称为分子能量自由度，简称自由度。

设 t 为平动自由度，r 为转动自由度，s 为振动自由度。

(1)质点：$t \leqslant 3, r=0, s=0$。

三维空间，$t=3$；平面，$t=2$；直线，$t=1$。

(2)刚体：$t+r \leqslant 6; s=0$。

确定质心位置，需要3个平动自由度；刚体绕质心的定点转动，有3个转动自由度。

(3)非刚体（由 N 个独立的粒子组成的质点系，包括气体、液体）：$t+r+s \leqslant 3N$。

一般说来，这 $3N$ 个自由度中，有3个平动、3个转动及 $3N-6$ 个振动自由度。

（三）气体分子的自由度

单原子分子可看作质点，自由度为 $t=3$。

N（$N \geqslant 3$）个原子组成的多原子分子可看作质点系（非刚体），自由度最多有 $3N$ 个。

刚性双原子分子以及其他刚性线型分子，一般有3个平动自由度和2个转动自由度，其自由度为5；刚性非线型多原子分子的自由度为6。

5.5.2 能量均分定理

（一）能量均分定理的内容

在温度为 T 的平衡态下，物质（气体、液体、固体）分子热运动的动能平均分配到每一个分子的每一个自由度上，每一个分子的每一个自由度的平均动能都是 $\frac{1}{2}kT$。

需要特别说明的是，对于振动能量的计算：考虑振动为简谐振动，平均动能与平均势能相等，每一振动自由度均分 kT 的能量。

若某种分子有 t 个平动自由度、r 个转动自由度、s 个振动自由度，则每一分子的总平均能量为

$$\bar{\varepsilon}=(t+r+s)\cdot\frac{1}{2}kT$$

其中，各种振动、转动自由度都应是确实对能量均分定理做全部贡献的自由度，因为自由度会发生冻结。

(二)能量按自由度均分的微观解释

(1)对于气体,由于分子间频繁地发生无规则碰撞,故能量会从一个分子转移到另一个分子,从一个自由度转移到另一个自由度,从一种形式的自由度(如平动)转移到另一种形式的自由度(如转动)。

(2)对于液体和固体,能量均分是通过分子间很强的相互作用力来实现的。

5.5.3 理想气体内能

内能是系统内部所有微观粒子(如原子、分子)的微观无序运动的动能及相互作用势能之和。

理想气体分子的振动自由度冻结,分子可看作刚性分子。所以其内能等于系统内部所有微观粒子(如原子、分子)的微观无序运动(平动、转动)的动能之和,如1 mol理想气体的内能为

$$E = N_A \cdot \frac{t+r}{2}kT = \frac{t+r}{2}RT \tag{5.5.1}$$

常温下,物质的量为ν的单原子分子理想气体的内能为

$$E = \frac{3}{2}\nu RT$$

常温下,物质的量为ν的双原子分子理想气体的内能为

$$E = \frac{5}{2}\nu RT$$

常温下,物质的量为ν的多原子分子理想气体的内能为

$$E = 3\nu RT$$

例 5.5.1

已知容器中装有温度$T=273$ K、压强$p=1.013\times10^3$ Pa的理想气体,其密度$\rho=1.25\times10^{-2}$ kg·m^{-3},此气体不可燃。求:(1)该气体的摩尔质量,并确定是何种气体;(2)分子的平均平动动能和平均转动动能;(3)单位体积内分子的总动能。

解 (1)由$pV=\frac{m'}{M}RT$,得

$$p = \frac{m'}{VM}RT = \rho\frac{RT}{M}$$

则
$$M = \frac{\rho RT}{p} = 0.028\ \text{kg}\cdot\text{mol}^{-1}$$

可知此气体为氮气(不是CO)。

(2)氮气分子有3个平动自由度,故

$$\bar{\varepsilon}_{k平} = \frac{3}{2}kT = 5.65\times10^{-21}\ \text{J}$$

氮气分子有 2 个转动自由度，故

$$\bar{\varepsilon}_{k转}=\frac{2}{2}kT=3.77\times10^{-21}\ \mathrm{J}$$

(3)单位体积内分子的总动能为 $E_k=n\cdot\frac{5}{2}kT, p=nkT$，得

$$E_k=\frac{p}{kT}\cdot\frac{5}{2}kT=\frac{5}{2}p=2.53\times10^{3}\ \mathrm{J\cdot m^{-3}}$$

例 5.5.2

一容积为 10 cm^3 的电子管，当温度为 300 K 时，用真空泵把管内空气抽成压强为 5×10^{-6} Pa 的高真空，此时管内有多少个空气分子？这些空气分子的平均平动动能的总和是多少？平均转动动能的总和是多少？平均动能的总和是多少？（空气分子可认为是刚性双原子分子。）

解　设管内总分子数为 N。

由 $p=nkT=NkT/V$，得

$$N=pV/(kT)=1.2\times10^{10}\ (个)$$

分子的平均平动动能的总和为

$$\frac{3}{2}NkT=10^{-8}\ \mathrm{J}。$$

分子的平均转动动能的总和为 $\frac{2}{2}NkT=0.667\times10^{-8}$ J。

分子的平均动能的总和为 $\frac{5}{2}NkT=1.67\times10^{-8}$ J。

*5.6 分子势能与真实气体物态方程

5.6.1 真实气体

(1)为区别理想气体，把自然界中的实际气体称为真实气体。真实气体不能忽略分子本身的大小及分子与分子之间的相互作用力。真实气体在通常的压力下，大多数符合理想气体的假设条件。

(2)分子碰撞有效直径。

分子直径：一种理解指分子的大小；另一种理解指两分子质心之间的最短距离——分子的有效直径。

5.6.2 范德瓦耳斯方程

1873 年，荷兰物理学家范德瓦耳斯(van der Waals)在克劳修斯(R. Clausius)的论文的启发下，对理想气体的两条基本假设(忽略分子固有体积、忽略除碰撞外分子间的相互作用力)做出了两条重要修正，得出了能够描述真实气体行为的范德瓦耳斯方程。

(1)分子固有体积修正：

$$V_m - b = \frac{RT}{p} \quad 或 \quad p = \frac{RT}{V_m - b} \tag{5.6.1}$$

其中，b 表示气体无限压缩所能达到的最小体积。

(2)分子间引力修正(见图 5.6.1)：

$$p + \Delta p_i = p_{内}$$

$$p_{内}(V_m - b) = RT(考虑 1 mol 气体)$$

$$p + \Delta p_i = \frac{RT}{V_m - b}$$

$$\Delta p_i = [单位时间内碰撞在单位面积上的平均分子数] \times 2\Delta k = \frac{1}{6} n\bar{v} \times 2\Delta k$$

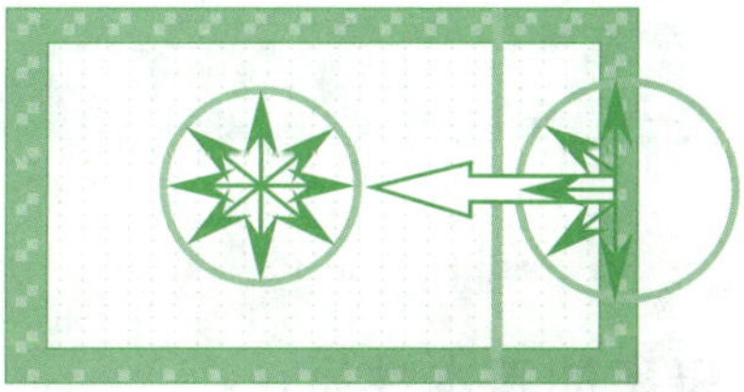

图 5.6.1 分子间引力修正示意图

其中，Δk 指每一个分子进入界面层时平均动量的减小量。

因为

$$\Delta p_i = \frac{1}{3} n\bar{v} \cdot Kn = \left(\frac{N_A}{V_m}\right)^2 \cdot \bar{v} \cdot \frac{K}{3} = \frac{a}{V_m^2}$$

其中，a 是一个与分子间引力有关的常数。

范德瓦耳斯方程：

$$\left(p + \frac{a}{V_m^2}\right)(V_m - b) = RT(1 mol 气体) \tag{5.6.2}$$

若气体质量为 m，体积为 V，则范德瓦耳斯方程为

$$\left[p + \left(\frac{m}{M}\right)^2 \cdot \frac{a}{V^2}\right]\left(V - \frac{m}{M} b\right) = \frac{m}{M} RT \tag{5.6.3}$$

5.6.3 昂内斯方程

荷兰物理学家卡末林·昂内斯(Kamerlingh Onnes)在研究永久性气体(氢、氦

等沸点很低的气体）的液化时，于1901年提出了描述真实气体的另外一种物态方程——昂内斯方程：

$$pV=A+\frac{B}{V}+\frac{C}{V^2}+\cdots \tag{5.6.4}$$

这是以体积展开的昂内斯方程，其中的系数 $A,B,C,\cdots$ 都是温度的函数，分别称为第一位力系数、第二位力系数、第三位力系数……位力系数通常由实验给出。

5.6.4 分子势能及曲线

分子势能为

$$\mathrm{d}E_{\mathrm{p}}(r)=-\boldsymbol{F}(r)\cdot\mathrm{d}\boldsymbol{r}$$

$$E_{\mathrm{p}}(r)=-\int_{\infty}^{r}\boldsymbol{F}(r)\cdot\mathrm{d}\boldsymbol{r}$$

设无穷远处为零势能点，则分子势能曲线如图5.6.2所示。

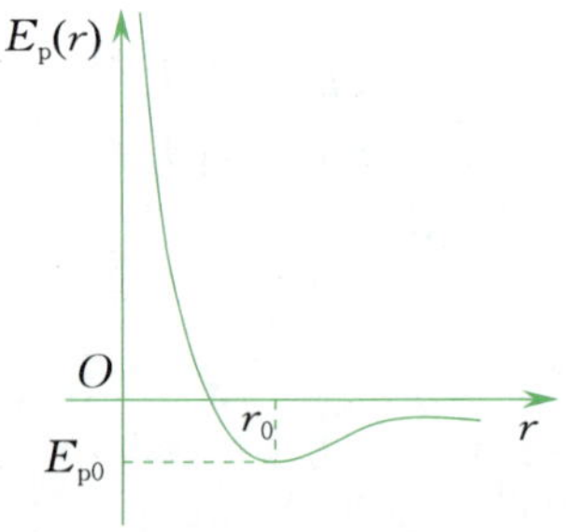

图 5.6.2　分子势能曲线

5.7 气体分子的速率分布规律

5.7.1 等概率性与概率的基本性质

（一）高尔顿板实验

高尔顿板实验如图5.7.1所示。

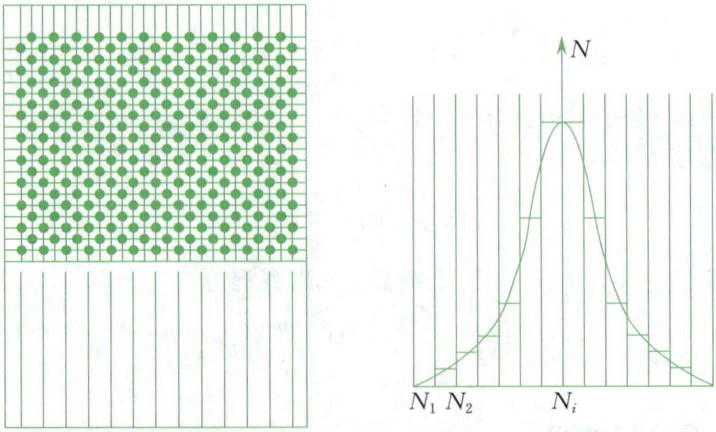

(a) 高尔顿板　(b) 实验所得的分布曲线

图 5.7.1　高尔顿板实验

(1)在一定的宏观条件下,大量偶然事件在整体上表现出确定的规律——统计规律。

(2)统计规律永远伴随着涨落现象。

(二)等概率性与概率的基本知识

1. 随机事件

在一定条件下,某一事件可能发生也可能不发生,该事件为随机事件。

2. 概率的定义

在相同的条件下重复同一实验,在总次数 N 足够多($N \to \infty$) 的情况下,统计某一事件发生的次数 N_L ,则这一事件发生的次数 N_L 占总次数 N 的百分比就是该事件发生的概率:

$$P_L = \lim_{N \to \infty} \frac{N_L}{N}$$

3. 等概率性

在没有理由说明哪一事件发生的概率更大些(或更小些)的情况下,每一事件发生的概率都应相等。

统计物理的基本假设(等概率原理):如果对于系统的各个可能的状态没有更多的知识,就可暂时假设一切状态出现的概率相等。

4. 概率的基本性质

(1)归一化: $\sum_{i=1}^{n} P_i = 1$。

(2)概率相加法则: n 个互斥事件发生的总概率是每个事件单独发生的概率之和。

(3)概率相乘法则:同时或依次发生的、互不相关的(或统计相关的)事件发生的概率等于各个事件概率的乘积。

(三)平均值及其运算法则

(1)平均值:

$$\overline{u} = \frac{N_1 u_1 + N_2 u_2 + \cdots}{\sum_i N_i} = \frac{\sum_i N_i u_i}{N} \tag{5.7.1}$$

当 $N \to \infty$时,

$$\overline{u} = P_1 u_1 + P_2 u_2 + \cdots = \sum_i P_i u_i \tag{5.7.2}$$

说明:式(5.7.2)应用方便,但只适用于 N 非常大的情况。

(2)涨落(散度、散差)(相对方均根偏差):

$$\left[\overline{\left(\frac{\Delta u}{\overline{u}}\right)^2}\right]^{\frac{1}{2}} = \frac{\left[\overline{(\Delta u)^2}\right]^{\frac{1}{2}}}{\overline{u}} = \frac{(\Delta u)_{\mathrm{rms}}}{\overline{u}} \tag{5.7.3}$$

物理意义:表示随机变量在平均值附近分布的分散程度。

5.7.2 麦克斯韦速率分布律

麦克斯韦速率分布律

（一）速率分布函数（速率分布概率密度）

1. 速率分布函数（概率分布函数的一种）

速率分布函数为

$$f(v)=\frac{\mathrm{d}N_v}{N\mathrm{d}v} \tag{5.7.4}$$

其只与速率 v 有关，或者说，只是 v 的函数。

物理意义：速率在 v 附近单位速率间隔内的分子数占总分子数的百分比，或一个分子的速率在速率 v 附近单位速率间隔内的概率——概率密度。

速率分布函数的归一化条件为

$$\int_{-\infty}^{+\infty} f(v)\mathrm{d}v=1\text{（归一化条件）}$$

如图 5.7.2 所示，曲线与坐标轴包围的面积恒为 1。

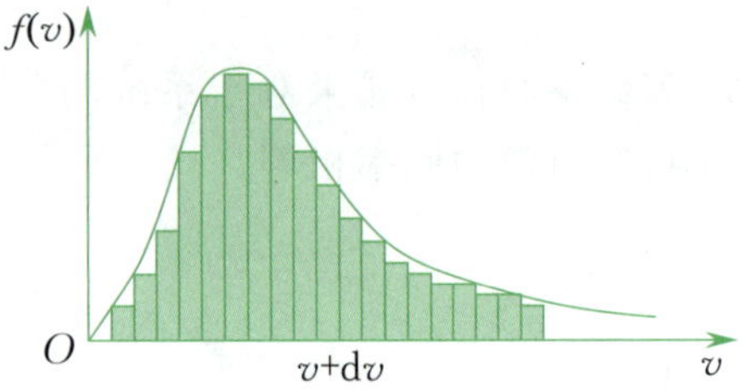

图 5.7.2　速率分布函数

2. 概率分布函数的普遍意义

(1)分子按能量的概率分布函数为

$$f(\varepsilon)=\frac{\mathrm{d}N}{N\mathrm{d}\varepsilon}$$

物理意义：能量在 ε 附近单位能量间隔内的分子数占总分子数的百分比。

(2)分子按速度的概率分布函数为

$$f(\boldsymbol{v})=\frac{\mathrm{d}N_{\boldsymbol{v}}}{N\mathrm{d}\boldsymbol{v}}=\frac{\mathrm{d}N_{\boldsymbol{v}}}{N\mathrm{d}v_x\mathrm{d}v_y\mathrm{d}v_z}$$

物理意义：速度在 $\boldsymbol{v}$ 附近单位速度间隔内的分子数占总分子数的百分比。

(3)分子按空间位置和速度的概率分布函数为

$$f(\boldsymbol{r},\boldsymbol{v})=\frac{\mathrm{d}N_{\boldsymbol{rv}}}{N\mathrm{d}\boldsymbol{r}\mathrm{d}\boldsymbol{v}}=\frac{\mathrm{d}N_{\boldsymbol{rv}}}{N\mathrm{d}x\mathrm{d}y\mathrm{d}z\mathrm{d}v_x\mathrm{d}v_y\mathrm{d}v_z}$$

物理意义：位置在 $\boldsymbol{r}$ 附近单位长度间隔内，速度在 $\boldsymbol{v}$ 附近单位速度间隔内的分子数占总分子数的百分比。

(二)麦克斯韦速率分布

1. **麦克斯韦速率分布律**

无外场作用,平衡态下,理想气体分子按速率分布:

$$f(v)\mathrm{d}v=4\pi\left(\frac{m}{2\pi kT}\right)^{\frac{3}{2}}\cdot e^{-\frac{mv^2}{2kT}}\cdot v^2\mathrm{d}v \tag{5.7.5}$$

其中,$f(v)$ 为麦克斯韦速率分布函数。

物理意义:速率在 v 附近单位速率间隔内的分子数占总分子数的百分比。

注意:(1) $f(v)$ 仅是分子质量及气体温度的函数;

(2)麦克斯韦速率分布律是统计规律,只适用于大量分子组成的集体。也有涨落,非常小。

2. **麦克斯韦速率分布曲线**

麦克斯韦速率分布曲线如图 5.7.3 所示。

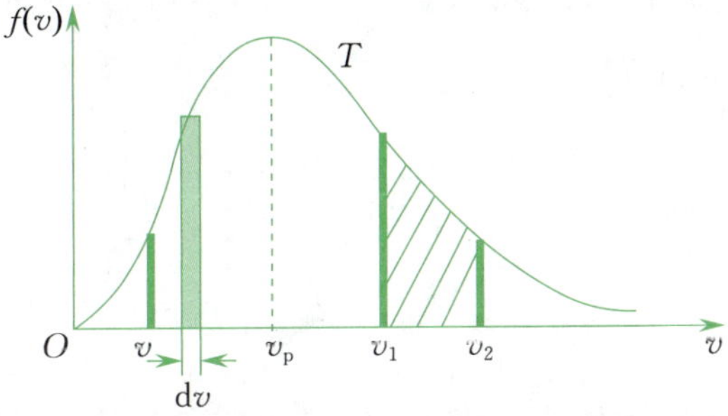

图 5.7.3 麦克斯韦速率分布曲线

5.7.3 三种统计速率

(一)三种速率

1. **最概然速率**

最概然速率如图 5.7.4 所示,其计算公式为

$$v_p=\sqrt{\frac{2kT}{m}}=\sqrt{\frac{2RT}{M}}\approx 1.41\sqrt{\frac{RT}{M}} \tag{5.7.6}$$

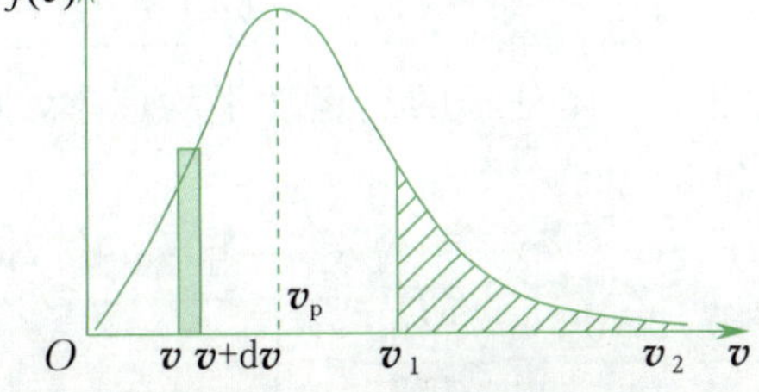

图 5.7.4 最概然速率

物理意义：分子以速率 v_p 出现的概率最大；或若把整个速率范围分成许多相等的小区间，则 v_p 所在区间内的分子数占分子总数的百分比最大。

2. **平均速率**

平均速率的计算公式为

$$\bar{v}=\int_0^{\infty} v f(v)\mathrm{d}v=\sqrt{\frac{8kT}{\pi m}}=\sqrt{\frac{8RT}{\pi M}}\approx 1.60\sqrt{\frac{RT}{M}} \tag{5.7.7}$$

3. **方均根速率**

方均根速率的计算公式为

$$\overline{v^2}=\int_0^{\infty} v^2 f(v)\mathrm{d}v=\frac{3kT}{m}$$

$$v_{\mathrm{rms}}=\sqrt{\overline{v^2}}=\sqrt{\frac{3kT}{m}}=\sqrt{\frac{3RT}{M}}\approx 1.73\sqrt{\frac{RT}{M}} \tag{5.7.8}$$

4. **三种速率的比较**

三种速率的比较如图 5.7.5 所示。

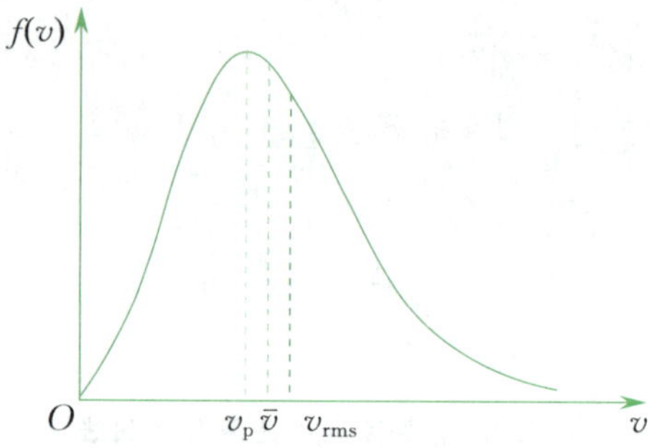

图 5.7.5　三种速率的比较

适用条件：理想气体。

大小关系：$v_p<\bar{v}<v_{\mathrm{rms}}$，它们都正比于 $\sqrt{\dfrac{T}{M}}$。

三种速率的应用：

v_p 用于讨论速率分布；

$\bar{v}$ 用于讨论分子碰撞；

v_{rms} 用于计算分子的平均平动动能。

例 5.7.1

设声波通过理想气体的速率正比于气体分子的热运动平均速率，求声波通过具有相同温度的氧气（O_2）和氢气（H_2）的速率之比 v_{O_2}/v_{H_2}。

解

$$\frac{v_{O_2}}{v_{H_2}}=\frac{\bar{v}_{O_2}}{\bar{v}_{H_2}}=\frac{\sqrt{M_{H_2}}}{\sqrt{M_{O_2}}}=\frac{1}{4}$$

(二)麦克斯韦速率分布律的实验验证

1. 朗缪尔实验装置

朗缪尔(Langmuir)实验装置如图 5.7.6 所示。

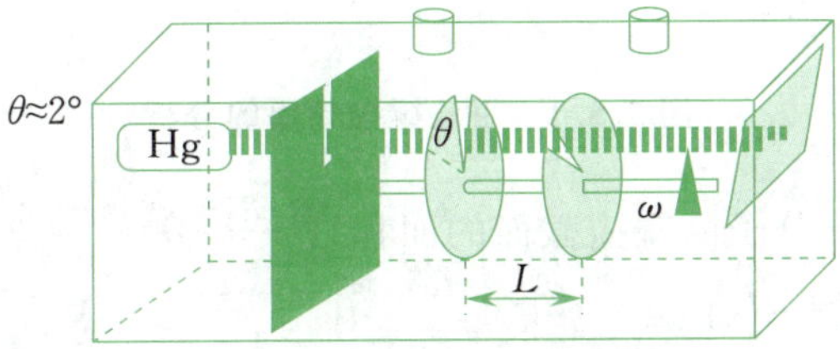

图 5.7.6 朗缪尔实验装置

2. 实验原理

朗缪尔实验的原理为

$$\frac{L}{v}=\frac{\theta}{\omega}$$

改变 ω ,从分子束中选择出不同速率的分子,测定其强度。凹槽有一定宽度,实际上选出的是某一速率范围 $(v,v+\Delta v)$ 内的分子数。

金属蒸气的分子速率分布与分子束中的分子速率分布并不相同, $F(v)\mathrm{d}v \propto vf(v)\mathrm{d}v$ 。

5.8 气体分子的平均碰撞频率和平均自由程

(一)碰撞(散射)截面

分子有效直径 d :描述做相对运动的分子之间相互作用的特征量。

分子碰撞(散射)截面的面积: $\sigma=\pi d^2$ 。(非刚性分子: T 升高, d 减小, σ 与 T 有关。刚性分子: σ 不随 T 变化。)

有效直径分别为 d_1、d_2 的两刚性分子的碰撞(散射)截面的面积:

$$\sigma=\frac{1}{4}\pi(d_1+d_2)^2$$

气体分子的平均碰撞频率和平均自由程

(二)分子间平均碰撞频率

(1)定义:单位时间内一个分子受到的平均碰撞次数。

(2)平衡态的理想气体中分子平均碰撞频率为

$$\bar{z}=\sqrt{2}\pi d^2\bar{v}n=\sqrt{2}n\bar{v}\sigma \tag{5.8.1}$$

$$\bar{z}=\frac{4\sigma p}{\sqrt{\pi mkT}} \tag{5.8.2}$$

如图 5.8.1 所示,取分子 A 作为研究对象,其他分子视作质点并相对静止,平均来看,A 相对运动速度为 $\bar{u}=\sqrt{2}\bar{v}$ 。

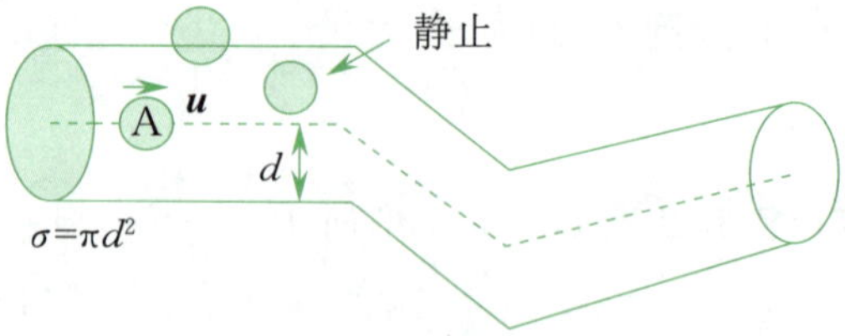

图 5.8.1　平均碰撞频率的分析

圆柱体的截面积(分子的碰撞截面的面积)：$\sigma = \pi d^2$。

圆柱体长度：$L = \bar{u}\Delta t$ 。

圆柱体内分子数：$N = n\sigma\bar{u}\Delta t$ 。

平均碰撞频率：$\bar{z} = \dfrac{n\sigma\bar{u}\Delta t}{\Delta t} = n\sigma\bar{u} = \sqrt{2}\,n\sigma\bar{v} = \dfrac{4\sigma p}{\sqrt{\pi mkT}}$ 。

(三)气体分子平均自由程

(1)定义：气体分子在相邻两次碰撞间走过的平均路程。

(2)平衡态的理想气体中分子平均自由程：

$$\bar{\lambda} = \frac{\bar{v}t}{\bar{z}t} = \frac{\bar{v}}{\bar{z}}$$

$$\bar{\lambda} = \frac{1}{\sqrt{2}\,n\sigma} \text{ 或 } \bar{\lambda} = \frac{kT}{\sqrt{2}\,\sigma p} \tag{5.8.3}$$

适用条件：$d \ll \bar{\lambda} \ll L$ 。

*5.9 气体的迁移现象

5.9.1 黏性现象

1. 层流和湍流

层流、湍流示意图如图 5.9.1 所示。

层流：在流体流动过程中，相邻质点的轨迹彼此仅稍有差别，不同质点的轨迹不相互混杂。

条件：流速较小，更确切地说是雷诺数较小。

湍流：流体的不规则运动。

条件：雷诺数较大。

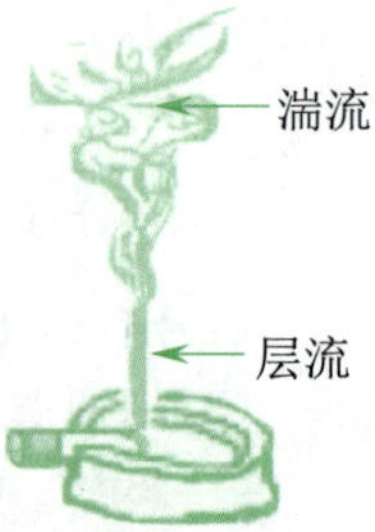

图 5.9.1　层流、湍流示意图

2. 稳恒层流中的黏性现象(内摩擦现象)

流体做层流时，任一平行于流速的截面两侧的两层流体上作用有一对阻止它们相对“滑动”的切向作用力与反作用力，使流动较快的一层流体减速，流动较慢的一层流体加速。这种力称为黏性力(内摩擦力)。最后,各层流体的流速不再随时间变化。

3. 牛顿黏性定律

牛顿黏性定律的表达式为

$$f=-\eta\cdot\frac{\mathrm{d}u}{\mathrm{d}z}\cdot A \tag{5.9.1}$$

其中,f 为流体做层流时,两层流体之间的相互作用力,即黏性力;负号表示相对速度较大的流体总是受到阻力;η 称为黏度(又称黏性系数),单位为 $\mathrm{Pa\cdot s}$,$1\ \mathrm{Pa\cdot s}=1\ \mathrm{N\cdot s\cdot m^{-2}}=1\ \mathrm{kg\cdot(m\cdot s)^{-1}}$;$u$ 为流体速度(分子的定向运动速度);$\mathrm{d}u/\mathrm{d}z$ 为速度梯度,稳恒层流中处处相等;A 为切向面积。

黏度与流体的流动性质、温度有关,其数量级:空气(常温)为 $10^{-5}\ \mathrm{Pa\cdot s}$,水为 $10^{-3}\ \mathrm{Pa\cdot s}$。

4. 非牛顿流体

非牛顿流体具有以下性质。

(1)其速度梯度与互相垂直的黏性力间不呈线性函数关系,如血液、泥浆、橡胶等。

(2)其黏度会随着时间而变,如油漆等凝胶物质。

(3)对形变具有部分弹性恢复作用,如沥青等黏弹性物质。

5. 气体黏性微观机理

常压下气体的黏性是由流速不同的流体层之间的定向动量的迁移产生的。

(1)压强非常低的气体(克努曾气体)黏性的微观机理:气体分子与器壁碰撞时动量变化。

(2)液体黏性的微观机理:液体分子受到周围其他分子作用力的束缚。

6. 切向动量流密度

动量流 $\frac{\mathrm{d}p}{\mathrm{d}t}$:单位时间内,相邻流体层之间所转移的沿流体层切向的定向动量。

动量流密度 J_p:单位面积上转移的动量流,其计算公式为

$$J_p=\frac{\mathrm{d}p}{\mathrm{d}t}\cdot\frac{1}{A}$$

因为

$$f=\frac{\mathrm{d}p}{\mathrm{d}t}=J_p\cdot A$$

所以

$$J_p=-\eta\frac{\mathrm{d}u}{\mathrm{d}z} \tag{5.9.2}$$

其中,负号表示动量总是向流速小的方向输运。

5.9.2 扩散现象

（一）扩散

扩散现象指无外场时，当物质中粒子数密度不均匀时，由于分子的热运动，粒子从粒子数密度高的地方迁移到粒子数密度低的地方的现象。

（二）菲克定律

在一维（如 z 轴方向）扩散的粒子流密度 J_N 与粒子数密度梯度 $\frac{dn}{dz}$ 成正比，即

$$J_N = -D\frac{dn}{dz} \tag{5.9.3}$$

其中，J_N 为粒子流密度，表示单位时间内单位截面上扩散的粒子数；负号表示粒子向粒子数密度减小的方向扩散；D 为扩散系数，表征扩散过程的快慢，单位为 $m^2 \cdot s^{-1}$；$\frac{dn}{dz}$ 为粒子数密度梯度。

粒子流密度的数量级：常温常压下，大多数气体为 $10^{-5} \sim 10^{-4}$；低黏度液体为 $10^{-9} \sim 10^{-8}$；固体为 $10^{-15} \sim 10^{-9}$。

推论：若在与扩散方向垂直的流体截面上的 J_N 处处相等，则单位时间内扩散的总质量为

$$\frac{dM}{dt} = -D\frac{d\rho}{dz} \cdot A \tag{5.9.4}$$

（三）气体扩散的微观机理

气体扩散是在无外场且同种粒子的粒子数密度不均匀的情况下，由于分子热运动所产生的宏观粒子迁移或质量迁移。

注意其与压强不均匀产生的流动的区别，菲克定律在物理、化学、生物中应用广泛，如用于研究呼吸、树叶的水分散失等。

5.9.3 热传导现象

（一）基本概念

设气体内各层之间没有相对流动，且各处气体分子数密度均相同，但其内部存在温度差，这时就有热量从温度较高的区域向温度较低的区域传递，这种由于温度差而产生的热量传递现象称为热传导现象。

（二）傅里叶定律

若热量做一维流动，则

$$\dot{Q}=-\kappa\cdot\frac{\mathrm{d}T}{\mathrm{d}z}\cdot A \tag{5.9.5}$$

其中，$\dot{Q}$ 为热流，表示单位时间内通过的热量；负号表示热流方向与温度梯度方向相反；κ 为热导率，表征热传导过程的快慢，单位为 $\mathrm{W\cdot m^{-1}\cdot K^{-1}}$。$\frac{\mathrm{d}T}{\mathrm{d}z}$ 为温度梯度。

热导率由材料的性质决定：常温(20 ℃)下空气的热导率约为 $10^{-2}\ \mathrm{W\cdot m^{-1}\cdot K^{-1}}$；液体和固体的热导率较小；纯金属的热导率很大，银和铜的最大。

热流密度：单位时间内在单位面积上流过的热量，其计算公式为

$$J_T=-\kappa\cdot\frac{\mathrm{d}T}{\mathrm{d}z}$$

(三)气体热传导的微观机理

常压下气体热传导是在气体温度的空间分布不均匀的情况下，由于分子热运动所产生的能量迁移。

说明：液体与固体的热传导借助于相邻分子的频繁振动逐层传递。

思考题

5.1 气体的平衡态有何特征？当气体处于平衡态时还有分子热运动吗？气体的平衡态与力学中所指的平衡有何不同？实际上能不能达到平衡态？

5.2 水银气压计中上面空着的部分为什么要保持真空？如果混进了空气，将产生什么影响？能通过刻度修正这一影响吗？

5.3 在同一温度下，不同气体分子的平均平动动能相等？比较氢分子和氧分子，氧分子的质量比氢分子的质量大，是否每个氢分子的速率一定比氧分子的速率大？

5.4 “物体的温度越高，则热量越多”，这种说法对吗？为什么？

5.5 一年四季大气压一般差别不大，为什么在冬天空气的密度比较大？

第六章

热力学基础

热力学是研究热现象的宏观理论，它以实验规律为基础，以能量的角度分析和研究热力学过程中热量、功和内能变化的关系和条件。热力学研究不考虑物质的微观结构和微观变化过程。热力学的理论基础是热力学第一定律和热力学第二定律。热力学第一定律是包括热现象在内的能量转化和守恒定律；热力学第二定律讨论热力学过程的方向性问题。

本章的主要内容有准静态过程、可逆过程、热量、功及内能等概念，热力学第一定律及其对理想气体各种等值过程的应用，理想气体的热容，循环过程，卡诺循环，卡诺定理，热力学第二定律的两种表述，熵及熵增加原理等。本章的核心问题是热力学第一定律的应用及热机效率的计算。

6.1 可逆过程与不可逆过程

6.1.1 准静态过程

当一个热力学系统处于平衡态时，可以用物态方程来描述；当该系统与外界交换能量时，系统的状态发生改变，我们把系统状态随时间变化的过程称为热力学过程。系统状态发生改变时，如果过程进行得无限缓慢，以至于它所经历的任意中间状态都无限接近于平衡态，则这种热力学过程称为准静态过程。

6.1.2 弛豫时间

处于平衡态的系统受到外界的瞬时微小扰动后，系统的平衡态将被破坏，若取消扰动，系统将恢复到原来的平衡态，系统所经历的这一段时间就称为弛豫时间，这一过程称为弛豫过程。

6.1.3 可逆与不可逆过程

系统从初态出发经历某一过程到达末态，若可以找到一个能使系统和外界都复原的过程(这时系统回到初态，对外界也不产生任何影响)，则原过程是可逆的。若找不到一个能使系统与外界同时复原的过程，则原过程是不可逆的。

例如，气体向真空自由膨胀就是一个不可逆过程(见图 6.1.1)。

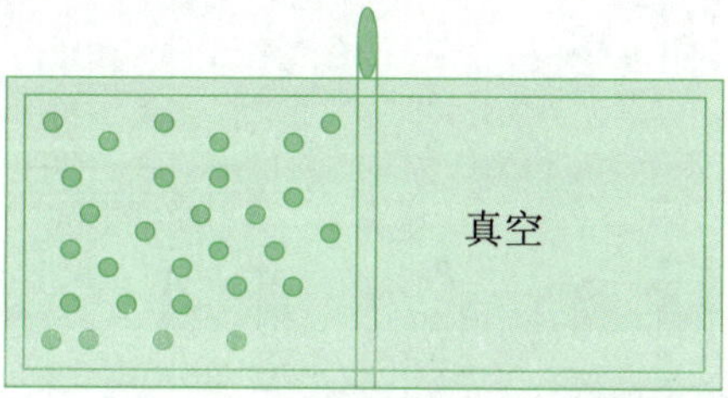

图 6.1.1　气体向真空自由膨胀

判断过程可逆的条件：①系统回到初态；②对外界不产生任何影响。只有无耗散的准静态过程才是可逆过程。

6.2 功和热量

6.2.1 准静态过程的功

准静态过程
热量　功

(一)功是能量转化的量度

力学相互作用:在力学平衡条件被破坏时所产生的对系统状态的影响。

在力学相互作用过程中,系统和外界之间能量的转移就是通过做功实现的。

热力学认为力是一种广义力,所以功也是广义功。

(1)只有在系统状态变化过程中才有能量转移。

(2)只有在广义力(如压强、电动势等)作用下产生了广义位移(如体积变化、电量迁移等)后,广义力才做功。

(3)在非准静态过程中很难计算系统对外界做的功。

(4)功有正负之分。

(二)体积膨胀功

(1)如图 6.2.1 所示,外界对气体所做的元功为

$$dW = pA\,dx = -p\,dV \tag{6.2.1}$$

所做的总功为

$$W = -\int_{V_1}^{V_2} p\,dV$$

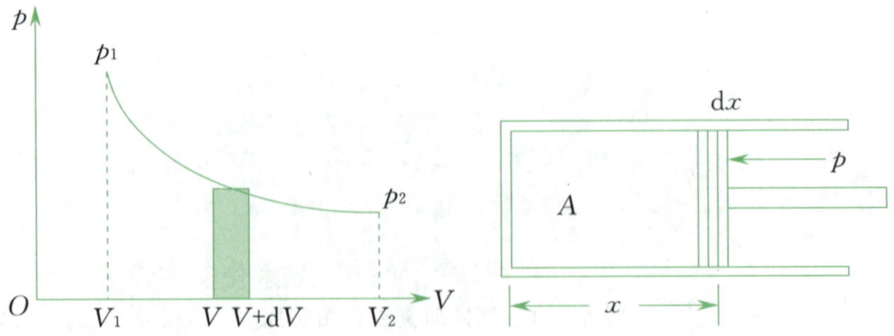

图 6.2.1　外界对气体做功

(2)气体对外界所做的元功为

$$dW' = p\,dV$$

如图 6.2.2 所示,初、末态分别为 C、D,经过三种过程所做的功不同,说明功与气体状态变化的路径有关,它不是状态的函数。

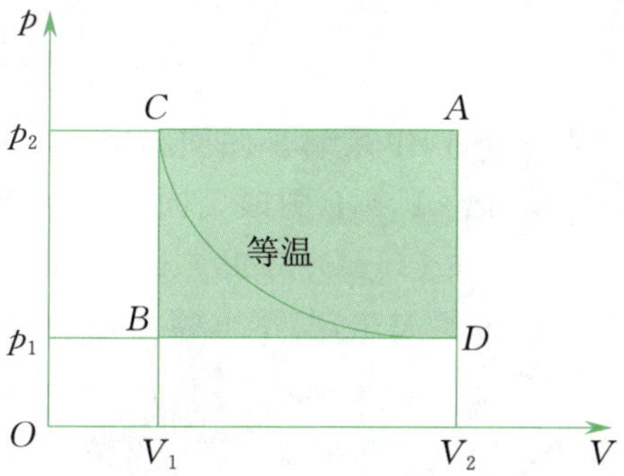

图 6.2.2 气体对外界做功的 p-V 曲线

(三)理想气体在几种可逆过程中功的计算

1. 等温过程

等温过程中,外界对气体所做的功为

$$W=-\int_{V_1}^{V_2} p\,\mathrm{d}V=-\nu RT\int_{V_1}^{V_2}\frac{\mathrm{d}V}{V}=-\nu RT\ln\frac{V_2}{V_1}$$

若气体膨胀,则 $V_2>V_1$,$W<0$,说明外界对气体做负功。

因为

$$p_1V_1=p_2V_2$$

所以

$$W=\nu RT\ln\frac{p_2}{p_1}$$

2. 等压过程

等压过程中,外界对气体所做的功为

$$W=-\int_{V_1}^{V_2} p\,\mathrm{d}V=-p(V_2-V_1)$$

利用理想气体物态方程可得

$$W=-\nu R(T_2-T_1)$$

3. 等容过程

因为 $\mathrm{d}V=0$,所以 $W=0$。

6.2.2 热量

热传递过程中,系统吸收或放出的能量称为热量,通常用 Q 表示。通过热量传递的方式来交换能量是借助于分子的无规则运动来完成的。热量是量度系统间由温度差所引起的能量转移的物理量,是系统内的分子无规则热运动与系统外的分子无规则热运动间转换的量度。

当系统从外界吸收热量时,$Q>0$,为正值;当系统向外界放出热量时,$Q<0$,

为负值。

6.3 热力学第一定律

6.3.1 内能

热力学第一定律

（一）内能是状态函数

内能是系统内部所有微观粒子（如分子、原子等）的微观无序运动的动能及相互作用势能之和。内能是状态函数，处于平衡态的系统的内能是确定的。内能与系统状态间有一一对应关系。

（二）内能定理

由能量守恒定律知道：系统吸热，内能应增加；外界对系统做功，内能也增加。若系统吸热，同时外界对系统做功，则内能的增量应等于这两者之和。

绝热过程中外界对系统所做的功为

$$W_{绝热}=E_2-E_1 \tag{6.3.1}$$

需要说明以下几点。

（1）内能是一种宏观热力学的观点，不考虑微观的本质。

（2）内能是一个相对量。

（3）热力学中的内能不包括物体整体运动的机械能。

（4）内能概念可以推广到非平衡态系统。

（5）有些教材上提到的热能实质上是指物体的内能。

6.3.2 热力学第一定律的表述

热力学系统的内能可以通过做功和热传递两种方式来改变。若系统在某一过程中从外界吸收的热量为 Q，其内能变化量为 $\Delta E= E_2-E_1$，同时系统对外界做的功为 W，则

$$Q=\Delta E+W \tag{6.3.2}$$

关于符号规定：$Q>0$ 表示系统吸热，$\Delta E>0$ 表示系统内能增加，$W>0$ 表示系统做正功。对于微小的变化过程：

$$\mathrm{d}Q=\mathrm{d}E+\mathrm{d}W \tag{6.3.3}$$

热力学第一定律是普遍的能量守恒定律在热力学中的具体体现，对固体、液体、气体系统均成立；式（6.3.3）只要求初、末态是平衡态，中间过程可以是非平衡态。对于气体所经历的准静态过程，热力学第一定律可写为

$$Q=\Delta E+\int_{V_1}^{V_2} p\,\mathrm{d}V$$

$$dQ = dE + p\,dV$$

对于非准静态过程，不能应用 $\int_{V_1}^{V_2} p\,dV$ 来计算功，而应通过 Q、ΔE 之差来计算：

$$W = Q - \Delta E$$

对于循环过程，$\Delta E = 0$，热力学第一定律的表达式为

$$Q = W$$

6.3.3 气体热容

(一)热容

在一定过程中，物体吸收(或放出)的热量 ΔQ 与升高(或降低)的温度 ΔT 的比的极限，定义为此过程中物体的热容，用 C 表示，即

$$C = \lim_{\Delta T \to 0} \frac{\Delta Q}{\Delta T} = \frac{dQ}{dT} \tag{6.3.4}$$

其单位为 $J \cdot K^{-1}$。它表明不同物体改变相同温度所吸收(或放出)的热量不同。

(二)气体的两种摩尔热容

1. 等容摩尔热容

在等容过程中，$dV = 0$，由热力学第一定律可知

$$(dQ)_V = (dE)_V$$

气体的等容摩尔热容为

$$C_{V,m} = \lim_{\Delta T \to 0}\left(\frac{\Delta Q}{\Delta T}\right)_V = \left(\frac{dQ}{dT}\right)_V = \left(\frac{dE_0}{dT}\right)_V \tag{6.3.5}$$

其中，下标 V 代表等容过程；E_0 代表摩尔内能。

2. 等压摩尔热容

在等压过程中，$dp = 0$，由热力学第一定律可知

$$(dQ)_p = (dE + p\,dV)_p$$

气体的等压摩尔热容为

$$C_{p,m} = \lim_{\Delta T \to 0}\left(\frac{\Delta Q}{\Delta T}\right)_p = \left(\frac{dQ}{dT}\right)_p = \left(\frac{dE_0 + p\,dV}{dT}\right)_p \tag{6.3.6}$$

其中，下标 p 代表等压过程。

3. 两者的关系

理想气体的内能仅是温度的函数，所以

$$C_{V,m} = \frac{dE_0}{dT}$$

对 $pV = RT$ 求微分，得

$$p\,dV + V\,dp = R\,dT$$

在等压过程中，p 是常量，所以有

$$p\,\mathrm{d}V=R\,\mathrm{d}T$$

故

$$C_{p,\mathrm{m}}=\frac{\mathrm{d}E_0+R\,\mathrm{d}T}{\mathrm{d}T}=C_{V,\mathrm{m}}+R \tag{6.3.7}$$

这表明 1 mol 理想气体的温度升高 1 K 时，等压过程比等容过程多吸收 8.31 J 的热量，这部分热量用于理想气体在体积膨胀时对外界做功。

准静态过程中功、热量和内能的计算

4. 理想气体的内能增量

由于 $C_{V,\mathrm{m}}=\dfrac{\mathrm{d}E_0}{\mathrm{d}T}$，所以 1 mol 理想气体的内能增量为

$$\Delta E_0=\int_{T_1}^{T_2}C_{V,\mathrm{m}}\mathrm{d}T=C_{V,\mathrm{m}}(T_2-T_1)$$

质量为 m' 的理想气体的内能增量为

$$\Delta E=\frac{m'}{M}\int_{T_1}^{T_2}C_{V,\mathrm{m}}\mathrm{d}T=\frac{m'}{M}C_{V,\mathrm{m}}(T_2-T_1)$$

由于理想气体的内能增量为

$$\Delta E=\frac{m'}{M}\,\frac{i}{2}R\Delta T$$

所以

$$C_{V,\mathrm{m}}=\frac{i}{2}R$$

$$C_{p,\mathrm{m}}=\frac{i+2}{2}R$$

可见，$C_{V,\mathrm{m}}$ 与 $C_{p,\mathrm{m}}$ 仅与分子的自由度有关。由此也可以得到

$$C_{p,\mathrm{m}}=C_{V,\mathrm{m}}+R$$

称为迈耶公式。

引入参量

$$\gamma=\frac{C_{p,\mathrm{m}}}{C_{V,\mathrm{m}}} \tag{6.3.8}$$

γ 为比热容比。对于理想气体，$\gamma=\dfrac{i+2}{i}$。

例 6.3.1

容积为 20.0 L 的瓶子以速率 $v=200\ \mathrm{m\cdot s^{-1}}$ 匀速运动，瓶子中充有质量为 100 g 的氮气。设瓶子突然停止，气体的全部定向运动动能都变为气体分子热运动的动能，且瓶子与外界没有热量交换，则热平衡后氮气的内能增加了多少？（普适气体常量 $R=8.31\ \mathrm{J\cdot mol^{-1}\cdot K^{-1}}$，玻尔兹曼常量 $k=1.38\times10^{-23}\ \mathrm{J\cdot K^{-1}}$。）

解 气体内能增量为 $N\cdot\dfrac{1}{2}ik\Delta T$，$i=3$。根据能量守恒定律应有

$$\frac{1}{2}Nmv^2=N\cdot\frac{1}{2}ik\Delta T$$

$$mv^2 = iR\Delta T/N_A$$

$$\Delta T = N_A mv^2/(iR) = Mv^2/(iR) = 6.42\ \text{K}$$

$$\Delta E = (m'/M) \cdot \frac{1}{2} iR\Delta T = 2.00 \times 10^3\ \text{J}$$

6.3.4 理想气体的等容、等压、等温及绝热过程

作为热力学第一定律的应用之一，下面讨论理想气体的等容、等压、等温及绝热过程中的功、热量和内能。

理想气体的准静态过程

（一）等容过程

等容过程指气体在物态变化过程中体积保持不变（见图 6.3.1）。

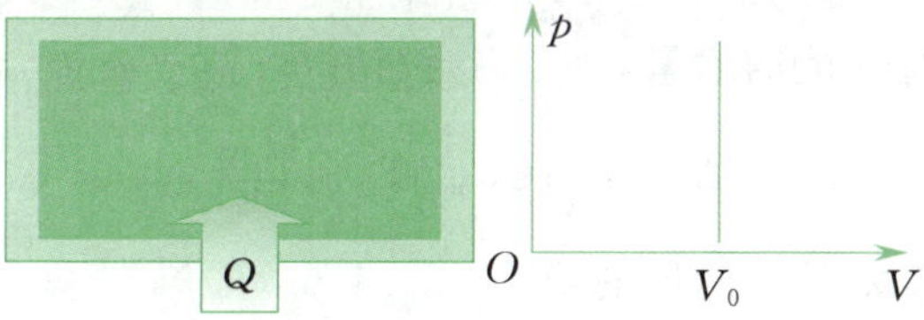

图 6.3.1 气体在物态变化过程中体积保持不变

因为 $\mathrm{d}V = 0$，所以 $W = 0$，于是 $Q = \Delta E$，有

$$\mathrm{d}Q = \nu C_{V,\mathrm{m}} \mathrm{d}T$$

$$Q = \int_{T_1}^{T_2} \nu C_{V,\mathrm{m}} \mathrm{d}T$$

在等容过程中，系统所吸收的热量等于系统内能的增量，于是有

$$\begin{cases} Q_V = \dfrac{m'}{M} C_{V,\mathrm{m}} (T_2 - T_1) \\ \Delta E = \dfrac{m'}{M} C_{V,\mathrm{m}} (T_2 - T_1) \\ W = 0 \end{cases} \tag{6.3.9}$$

（二）等压过程

等压过程指气体在物态变化过程中压强保持不变（见图 6.3.2）。于是有

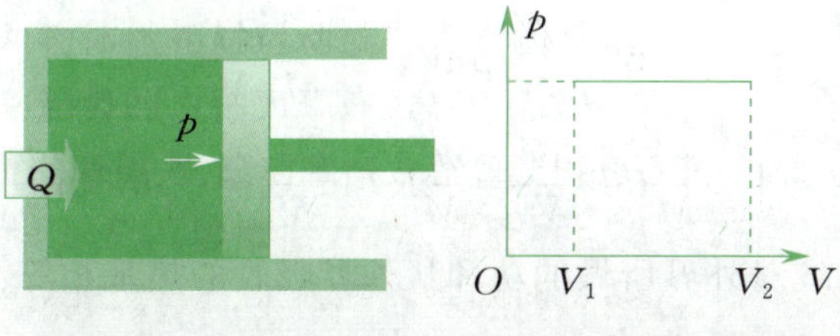

图 6.3.2 气体在物态变化过程中压强保持不变

$$dQ_p = dE + p\,dV$$

$$dQ_p = \frac{m'}{M}C_{p,m}dT$$

$$Q_p = \int dQ_p = \frac{m'}{M}C_{p,m}(T_2 - T_1)$$

$$W = \int_{V_1}^{V_2} p\,dV = p(V_2 - V_1)$$

$$Q_p = \Delta E + p(V_2 - V_1)$$

$$pV_1 = \frac{m'}{M}RT_1, pV_2 = \frac{m'}{M}RT_2$$

$$W = \frac{m'}{M}R(T_2 - T_1)$$

等压过程中，系统吸收的热量：

$$Q_p = \frac{m'}{M}C_{p,m}(T_2 - T_1)$$

等压过程中，系统内能的增量：

$$\Delta E = \frac{m'}{M}C_{V,m}(T_2 - T_1)$$

等压过程中，系统对外界所做的功：

$$W = p(V_2 - V_1) = \frac{m'}{M}R(T_2 - T_1) \tag{6.3.10}$$

（三）等温过程

等温过程指气体在物态变化过程中温度保持不变（见图 6.3.3）。

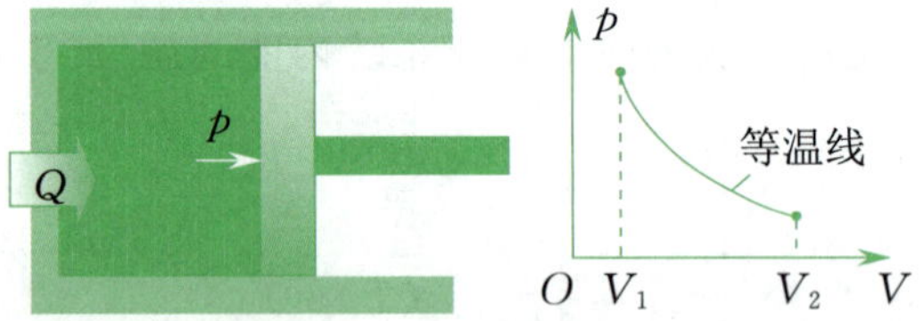

图 6.3.3　气体在物态变化过程中温度保持不变

理想气体在等温过程中内能保持不变，所以系统从外界吸收的热量等于系统对外界所做的功。于是有

$$dQ_T = dW$$

$$W = \int_{V_1}^{V_2} p\,dV, p = \frac{m'}{M}\frac{RT}{V}$$

$$W = \int_{V_1}^{V_2} \frac{m'}{M}RT\frac{dV}{V} = \frac{m'}{M}RT\ln\frac{V_2}{V_1} = \frac{m'}{M}RT\ln\frac{p_1}{p_2}$$

等温过程中，系统对外界所做的功和从外界吸收的热量相等：

$$Q_T = W = \frac{m'}{M}RT\ln\frac{V_2}{V_1} = \frac{m'}{M}RT\ln\frac{p_1}{p_2}$$

等温过程中，系统内能的增量：

$$\Delta E=0 \tag{6.3.11}$$

（四）绝热过程

绝热过程指气体在物态变化过程中和外界没有热量的交换（见图 6.3.4）。

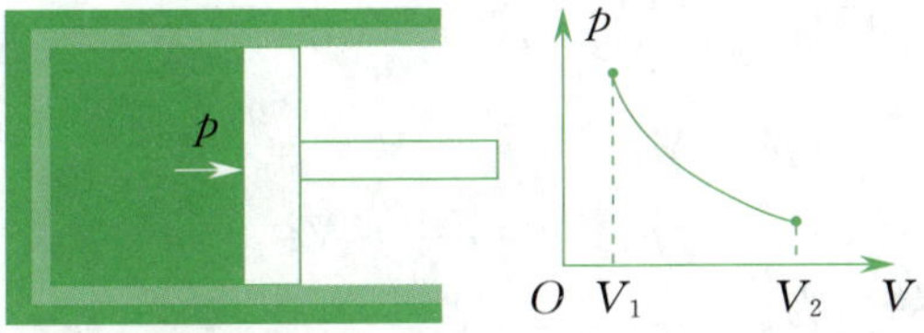

图 6.3.4　气体在物态变化过程中和外界没有热量的交换

1. 绝热过程的特征

系统与外界不发生热量交换的过程为绝热过程，对于微小过程：$dQ=0$。

由热力学第一定律得

$$W=p\,dV=-\frac{m'}{M}C_{V,m}\,dT$$

对于有限过程：

$$Q=0$$

$$\Delta E=-W=\frac{m'}{M}C_{V,m}(T_2-T_1)$$

说明绝热过程中系统对外界做功是依靠内能的减少来实现的。

2. 绝热过程方程

对理想气体物态方程取微分，得

$$p\,dV+V\,dp=\frac{m'}{M}R\,dT$$

将 $p\,dV=-\frac{m'}{M}C_{V,m}\,dT$ 代入上式，利用 $C_{p,m}=C_{V,m}+R$，得

$$V\,dp=\frac{m'}{M}C_{p,m}\,dT$$

消去 $\frac{m'}{M}dT$，得

$$\frac{dp}{p}+\gamma\frac{dV}{V}=0$$

其中，γ 为绝热指数。对上式积分得

$$\ln p+\gamma\ln V=常量或 pV^{\gamma}=常量 \tag{6.3.12}$$

利用理想气体物态方程 $pV/T=常量$可得以下两个关系式：

$$\begin{cases}TV^{\gamma-1}=常量\\ p^{\gamma-1}T^{-\gamma}=常量\end{cases} \tag{6.3.13}$$

3. 绝热过程的功

在绝热过程中，对于任意中间态，有

$$p_1V_1^\gamma = p_2V_2^\gamma = pV^\gamma$$

所以

$$W = \int_{V_1}^{V_2} p\,\mathrm{d}V = \int_{V_1}^{V_2} \frac{p_1V_1^\gamma}{V^\gamma}\mathrm{d}V = \frac{p_1V_1^\gamma}{1-\gamma}(V_2^{1-\gamma} - V_1^{1-\gamma})$$

由于

$$p_1V_1^\gamma V_2^{1-\gamma} = p_2V_2^\gamma V_2^{1-\gamma} = p_2V_2$$

$$p_1V_1^\gamma V_1^{1-\gamma} = p_1V_1$$

所以气体对外界所做的功为

$$W = \frac{p_2V_2 - p_1V_1}{1-\gamma} \tag{6.3.14}$$

6.3.5 等温线和绝热线的比较

绝热过程的过程方程为

$$pV^\gamma = C_1$$

等温过程的过程方程为

$$pV = C_2$$

为了比较等温线和绝热线，可在 p-V 图上把这两个过程的曲线作出来（见图 6.3.5），其中实线表示绝热线，虚线表示等温线，两条线相交于 A 点。

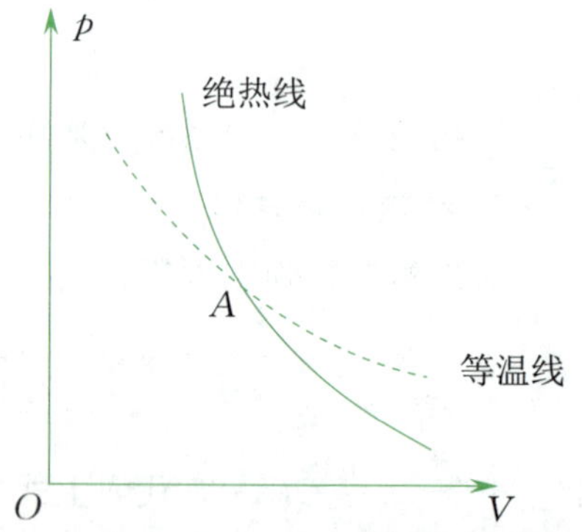

图 6.3.5 p-V 图上的等温线和绝热线

对于绝热线，有

$$\frac{\mathrm{d}p}{\mathrm{d}V} = -\gamma\frac{p_A}{V_A}$$

而对于等温线，有

$$\frac{\mathrm{d}p}{\mathrm{d}V} = -\frac{p_A}{V_A}$$

很明显，绝热线要比等温线陡峭一些，这是因为绝热系数大于 1。

对于处于某一状态的气体，虽然等温过程和绝热过程膨胀相同的体积，但是在绝热过程中压强的减小量大于等温过程中压强的减小量，这是因为等温过程中压强的降低是由气体密度的减小引起的，而在绝热过程中，压强的降低，除了气体密度减小，温度降低也是主要原因之一。

6.3.6 多方过程

实际情况中，在气体中进行的过程，既不是等温的又不是绝热的，而是介于两者之间。在实际应用中，常常用下列公式描述气体中进行的实际过程：

$$pV^n = 常数 \tag{6.3.15}$$

其中，n 为一个常数。凡是满足式(6.3.15)的过程就称为多方过程。显然，当 $n=1$ 时，式(6.3.15)表示等温过程；当 $n=\gamma$ 时，式(6.3.15)表示绝热过程；当 n 介于 1 和 γ 之间时，多方过程可以近似地表示气体内进行的实际过程；当 $n=0$ 时，式(6.3.15)表示等压过程；当 $n=\infty$ 时，式(6.3.15)表示等容过程。

气体在多方过程中所做的功的推导过程与绝热过程的推导过程完全相同，并且可以得到与绝热过程完全相同的表达式，只要把绝热过程的表达式中的 γ 换成 n 即可。

以 C 代表多方过程中的摩尔热容，由摩尔热容的定义可以知道，当系统温度的变化量为 $\mathrm{d}T$ 时，系统从外界吸收的热量为 $\nu C\mathrm{d}T$ 。根据热力学第一定律和理想气体的内能公式，可以得到

$$\nu C_{V,\mathrm{m}}\mathrm{d}T = \nu C\mathrm{d}T - p\,\mathrm{d}V$$

将理想气体的物态方程取微分，可以得到

$$p\,\mathrm{d}V + V\mathrm{d}p = \nu R\,\mathrm{d}T$$

多方过程方程中的 n 是一个常数，可以对 $pV^n=$ 常量两边取微分，得

$$\frac{\mathrm{d}p}{p} + n\frac{\mathrm{d}V}{V} = 0$$

由以上三个表达式可以得到

$$C = \frac{(n-1)C_{V,\mathrm{m}} - R}{n-1}$$

或

$$C_{V,\mathrm{m}} - \left(1 - \frac{\gamma-1}{n-1}\right) - C_{V,\mathrm{m}}\frac{n-1-\gamma+1}{n-1} = C_{V,\mathrm{m}}\frac{n-\gamma}{n-1} \tag{6.3.16}$$

例 6.3.2

气缸内有 2 mol 氦气，初始温度为 27 ℃，体积为 20 L，先将氦气等压膨胀，直至体积加倍，然后绝热膨胀，直至恢复初温为止。把氦气视为理想气体。(1)在 p-V 图上大致画出气体的状态变化过程。(2)在这个过程中氦气吸收的热量为多少？(3)氦气的内能变化量为多少？(4)氦气对外界所做的总功为多少？

解　(1) p-V 图如图 6.3.6 所示。

(2) $T_1 = (273+27)\ \mathrm{K} = 300\ \mathrm{K}$，$C_{p,\mathrm{m}} = \dfrac{5}{2}R$ 。

由 $V_1/T_1 = V_2/T_2$，得

$$T_2 = V_2T_1/V_1 = 600\ \mathrm{K}$$

$$Q = \nu C_{p,\mathrm{m}}(T_2 - T_1) = 1.25\times10^4\ \mathrm{J}$$

(3) $E=0$。

(4)由 $Q=W+E$ 得

$$W = Q = 1.25\times10^4\ \mathrm{J}$$

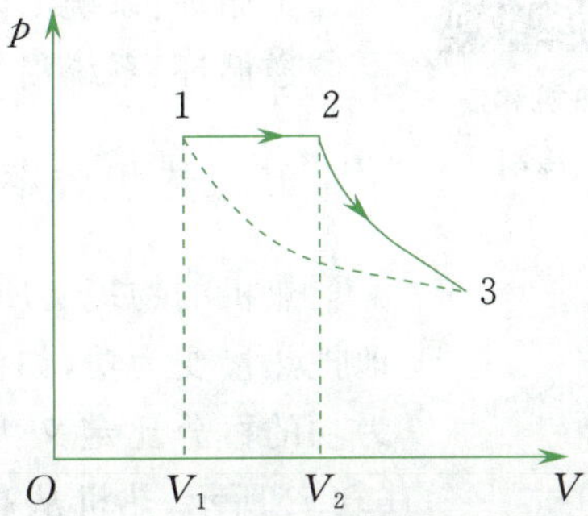

图 6.3.6　p-V 图

6.4 循环过程及卡诺循环

6.4.1 循环过程

循环过程

理想气体的四个典型过程，即等容过程、等压过程、等温过程和绝热过程，阐明了热力学第一定律在理想气体中的应用。本节主要讨论理想气体的循环过程，热机与制冷机的工作物质进行的是循环过程。热机的工作物质进行正循环，通过吸收热量来做功；制冷机的工作物质进行逆循环，通过外界做功将热量从低温处传到高温处。

（一）循环过程

系统由某一状态出发，经过一系列状态变化过程，最后又回到原来的状态，这样的过程称为循环过程（见图6.4.1）。

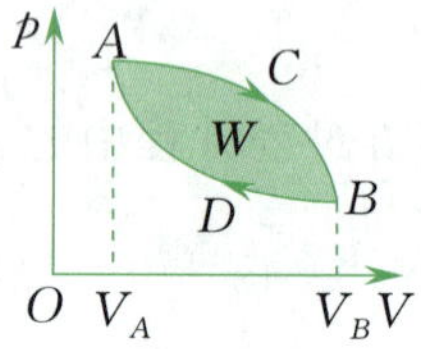

图 6.4.1　循环过程的 p-V 图

（二）循环过程的特点

（1）循环过程在 p-V 图上是一闭合曲线。

（2）内能的改变量 $\Delta E=0$。

（3）循环过程中系统对外界所做的净功，其值等于闭合曲线所包围的面积。

6.4.2 热机和制冷机

热机和制冷机

（一）循环过程的分类

正循环：系统沿闭合曲线以顺时针方向进行的循环。

逆循环：系统沿闭合曲线以逆时针方向进行的循环。

（二）热机效率

热机的物理实质就是热力学系统进行正循环，不断地把热量变为功，如内燃机。把从外界吸收的热量转化为功的百分比定义为热机效率 η（或循环效率）。如图6.4.2所示，热机从高温热源吸收热量 Q_1，释放给低温热源的热量为 Q_2，其差 Q_1-Q_2 转化为循环中系统对外

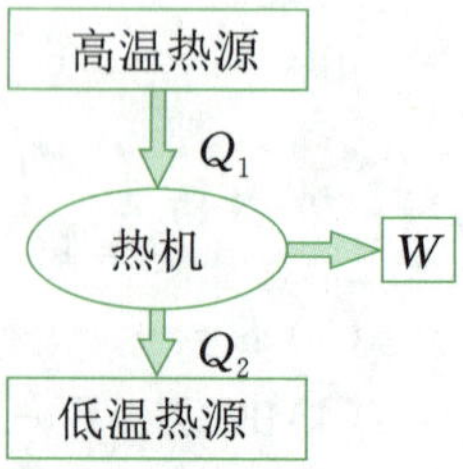

图 6.4.2　热机的物理实质

界所做的功，即

$$W = Q_1 - Q_2 > 0$$

$$\eta = \frac{W}{Q_1} = \frac{Q_1 - Q_2}{Q_1} = 1 - \frac{Q_2}{Q_1} \tag{6.4.1}$$

（三）制冷系数

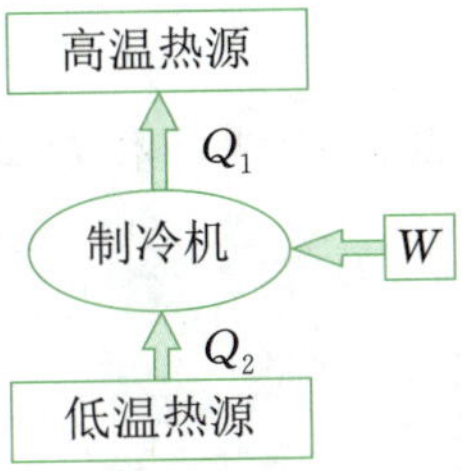

图 6.4.3 制冷机的物理实质

制冷机的物理实质就是热力学系统进行逆循环，通过外界对系统做功，不断地把热量从低温热源输送到高温热源，从而达到制冷的目的。如图 6.4.3 所示，制冷机从低温热源吸收热量 Q_2，释放给高温热源的热量为 Q_1，外界对系统做功 W。把从低温热源吸收的热量 Q_2 与外界对系统所做的功之比定义为制冷机的制冷系数：

$$\varepsilon = \frac{Q_2}{W} = \frac{Q_2}{Q_1 - Q_2} \tag{6.4.2}$$

6.4.3 卡诺循环

为提高热机效率，1824 年法国青年工程师卡诺提出了一种理想循环，称为卡诺循环。进行卡诺循环的热机称为卡诺热机。卡诺循环中无摩擦、散热、漏气等因素存在，是一种理想的循环。卡诺循环是由两个等温过程和两个绝热过程所构成的循环。研究卡诺循环既有理论价值，又对热机工程有指导意义。

卡诺循环

下面讨论卡诺热机的热机效率。如图 6.4.4 所示，$ABCD$ 为卡诺循环过程。A 到 B 为等温膨胀过程，温度为 T_1；B 到 C 为绝热膨胀过程，C 到 D 为等温压缩过程，温度为 T_2；D 到 A 为绝热压缩过程。

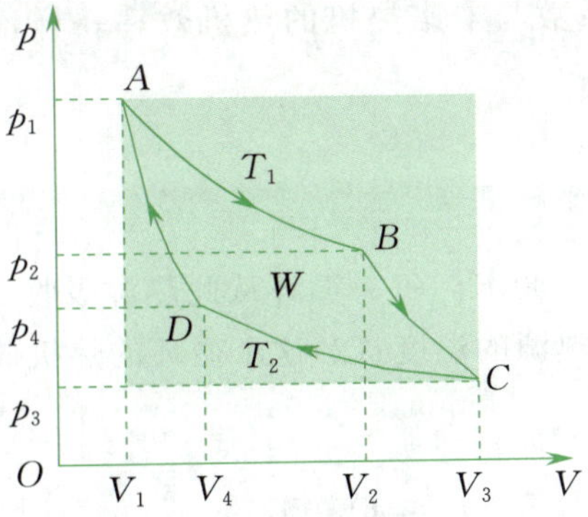

图 6.4.4 卡诺循环的 p-V 图

系统从高温热源（温度为 T_1）吸收的热量：

$$Q_1 = \frac{m'}{M} R T_1 \ln \frac{V_2}{V_1}$$

外界对系统做功，系统向低温热源（温度为 T_2）放出的热量：

$$Q_2=\frac{m'}{M}RT_2\ln\frac{V_3}{V_4}$$

则卡诺循环的热机效率为

$$\eta=1-\frac{Q_2}{Q_1}=1-\frac{T_2\ln\frac{V_3}{V_4}}{T_1\ln\frac{V_2}{V_1}}$$

由于 B 到 C 和 D 到 A 的过程为绝热过程，由绝热过程方程可得

$$\left(\frac{V_2}{V_3}\right)^{\gamma-1}=\frac{T_2}{T_1}$$

$$\left(\frac{V_1}{V_4}\right)^{\gamma-1}=\frac{T_2}{T_1}$$

所以

$$\frac{V_2}{V_1}=\frac{V_3}{V_4}$$

$$\frac{Q_1}{Q_2}=\frac{T_1}{T_2}$$

所以，卡诺循环的热机效率为

$$\eta=1-\frac{T_2}{T_1}\tag{6.4.3}$$

由此可知，卡诺循环的热机效率只与两个热源的温度有关。高温热源的温度 T_1 越高、低温热源的温度 T_2 越低，η 越高。

卡诺制冷机实现的是卡诺逆循环，其分析过程与卡诺循环相似，最终可知卡诺制冷机的制冷系数为

$$\varepsilon=\frac{T_2}{T_1-T_2}\tag{6.4.4}$$

卡诺制冷机的制冷系数与卡诺热机的热机效率一样，与工作物质无关，仅与两个热源的温度有关。

例 6.4.1

一卡诺热机，高温热源的温度是 400 K。每一循环从此热源吸收 100 J 的热量并向一低温热源放出 80 J 的热量。求：(1)低温热源的温度；(2)这个循环的热机效率。

解 (1)对卡诺循环，有

$$T_1/T_2=Q_1/Q_2$$

所以 $T_2=T_1Q_2/Q_1=320\ \mathrm{K}$，即低温热源的温度为 320 K。

(2)热机效率为

$$\eta=1-\frac{Q_2}{Q_1}=20\%$$

例 6.4.2

一卡诺热机(可逆的),当高温热源的温度为 127 ℃、低温热源的温度为 27 ℃时,其每次循环对外界做净功 8 000 J。今维持低温热源的温度不变,提高高温热源的温度,使其每次循环对外界做净功 10 000 J。若两个卡诺循环都工作在相同的两条绝热线之间,试求:(1)第二个卡诺循环的热机效率;(2)第二个卡诺循环的高温热源的温度。

解 (1)因为

$$\eta=\frac{W}{Q_1}=\frac{Q_1-Q_2}{Q_1}=\frac{T_1-T_2}{T_1}$$

$$Q_1=W\frac{T_1}{T_1-T_2}$$

$$\frac{Q_2}{Q_1}=\frac{T_2}{T_1}$$

所以

$$Q_2=\frac{T_2Q_1}{T_1}$$

即

$$Q_2=\frac{T_1}{T_1-T_2}\cdot\frac{T_2}{T_1}W=\frac{T_2}{T_1-T_2}W=24\ 000\ \text{J}$$

因为第二个卡诺循环吸收的热量为

$$Q_1'=W'+Q_2'=W'+Q_2$$

所以$Q_2'=Q_2$,则第二个卡诺循环的热机效率为

$$\eta'=W'/Q_1'=29.4\%$$

(2)第二个卡诺循环的高温热源的温度为

$$T_1'=\frac{T_2}{1-\eta'}=425\ \text{K}$$

6.5 热力学第二定律与卡诺定理

实验表明,一切热力学过程都是满足热力学第一定律的,也就是服从能量守恒定律,那么满足热力学第一定律的过程是否一定能够实现呢?答案是否定的。实际上,自然界的一切实际过程都是按照一定的方向进行的,其逆过程不可能自发地进行。例如,在自由膨胀过程中,用隔板将容器分成左右两半,左边储有一定量的气体,右边为真空,当抽去隔板后,气体总是自发向真空膨胀,最终充满整个容器。但是,气体绝不会自发收缩到容器的左边去,而另一半又变成真空。因此,自然界一定还存在一个能够判断出热力学过程方向的定律,这个定律就是热力学第二定律。

热力学第二定律与卡诺定理

6.5.1 热力学第二定律的两种表述及其实质

（一）热力学第二定律的两种表述

（1）开尔文表述：不可能从单一热源吸收热量，使之完全变为有用功，而不产生其他影响。

（2）克劳修斯表述：不可能把热量由低温物体传向高温物体而不产生其他影响。

（二）热力学第二定律的实质

开尔文表述指出了热与功之间的转化是有方向性的。即功完全转化成热是自然界允许的过程。但要把热全部转化成功而不产生其他影响，实际上是不可能发生的过程。

历史上曾有人试图制作一种热机，它能从海洋或空气中吸取热量，使海洋或空气的温度降低，并将这些热量全部转化为功，而不放出任何热量给低温热源，因而 $Q_2=0$，$Q_1=W$，$\eta=100\%$。由于海洋和空气储备的内能极为丰富，可被吸取的热量极多，这种热机事实上起到了永动机的作用，称为第二类永动机。但是，第二类永动机是不可能实现的！

克劳修斯表述与开尔文表述是等价的，都指出了热力学过程的方向性。克劳修斯表述指出热量传递具有方向性。热量会自发由高温物体传向低温物体，但是反过来，热量从低温物体传向高温物体，必须以外界做功为代价。

不论热力学第二定律的具体表述如何，它的实质在于自然界中一切自发过程进行的方向性，即一切与热现象有关的实际宏观过程都是不可逆的。

6.5.2 卡诺定理

可逆过程与不可逆过程

（一）可逆热机与不可逆热机

可逆热机，就是工作物质进行可逆循环的热机。反之，是不可逆热机。由可逆过程组成的循环过程为可逆循环。如果一循环由若干段过程组成，其中只要有一段过程是不可逆过程，就是不可逆循环。

（二）卡诺定理的表述

（1）在相同的高温热源和相同的低温热源（高温热源的温度为 T_1，低温热源的温度为 T_2）之间工作的一切可逆热机，不论工作物质是什么，其热机效率都相等，即

$$\eta=1-\frac{T_2}{T_1} \tag{6.5.1}$$

(2)在相同的高温热源和相同的低温热源之间工作的一切不可逆热机的热机效率不可能大于可逆热机的热机效率,即

$$\eta' \leqslant 1 - \frac{T_2}{T_1} \tag{6.5.2}$$

需要注意的是:①这里的热源都是温度均匀的恒温热源;②若一可逆热机仅从某一温度的热源吸热,也仅向另一温度的热源放热,从而对外界做功,则这个可逆热机必然是由两个等温过程及两个绝热过程所组成的可逆卡诺热机。所以卡诺定理适用的热机就是卡诺热机。

另外,卡诺定理指出了提高热机效率的途径:①使热机的循环过程接近于可逆过程;②应尽量提高两热源的温度差,主要是提高高温热源的温度。

*6.6 熵及熵增加原理

6.6.1 克劳修斯等式

根据卡诺定理,在相同的高温热源和相同的低温热源(高温热源的温度为 T_1,低温热源的温度为 T_2)之间工作的一切可逆热机,不论用什么工作物质,其效率都相等,即

$$\eta = 1 - \frac{|Q_2|}{|Q_1|} = 1 - \frac{T_2}{T_1}$$

因为 $|Q_1|$、$|Q_2|$ 都是正的,所以有

$$\frac{|Q_2|}{T_2} - \frac{|Q_1|}{T_1} = 0$$

因为 Q_2 是负的,所以上式可以改写为

$$\frac{Q_1}{T_1} + \frac{Q_2}{T_2} = 0 \tag{6.6.1}$$

整个循环过程包括四个过程,可以把式(6.6.1)改写为

$$\int_A^B \frac{\mathrm{d}Q}{T} + \int_B^C \frac{\mathrm{d}Q}{T} + \int_C^D \frac{\mathrm{d}Q}{T} + \int_D^A \frac{\mathrm{d}Q}{T} = 0$$

或

$$\oint_{卡} \frac{\mathrm{d}Q}{T} = 0 \tag{6.6.2}$$

对于任意可逆循环(见图 6.6.1),都可以用一连串的微小可逆卡诺循环的总效果来近似。按照克劳修斯辅助定律(每个微小可逆卡诺循环从热源吸收或放出的热量与该处原过程从热源吸收或放出的热量相同),只要这样的微小可逆卡诺循环的数日 n 足够人,总能使出微小可逆卡诺循环的锯齿形包络线所表示的循环非常接近

原来的可逆循环，所以有

$$\sum_{i=1}^{n}\frac{\Delta Q_i}{T}=\oint\left(\frac{\mathrm{d}Q}{T}\right)_{\text{可逆}}=0$$

这就是克劳修斯等式。

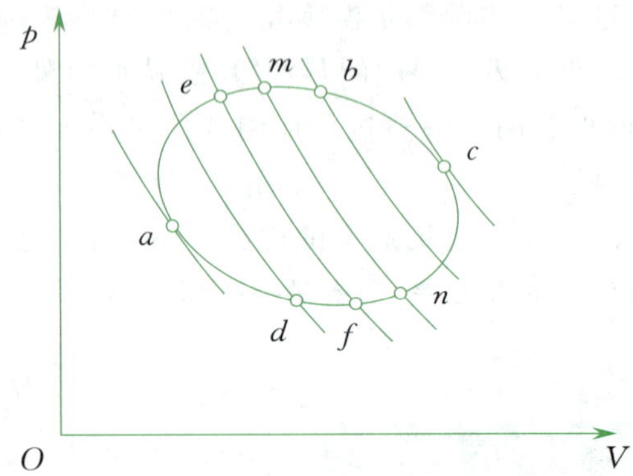

图 6.6.1　任意可逆循环可以用一连串的微小可逆卡诺循环来近似

6.6.2　熵和熵的计算

（一）克劳修斯不等式

一个热力学系统所经历的任意循环过程均满足下式：

$$\oint\frac{\mathrm{d}Q}{T}\leqslant 0$$

其中，T 为热源的温度；$\frac{\mathrm{d}Q}{T}$ 为热温比；“＝”表示可逆循环；“＜”表示不可逆循环。此不等式称为克劳修斯不等式。

（二）热力学熵

熵体现了系统的无序程度，熵越大，系统越混乱。熵与生命、信息、经济学、管理之间存在一定的内在联系。在可逆循环过程中，系统由状态 a 经路径 1 到达状态 b，再由状态 b 经路径 2 到达状态 a，有

$$\oint\frac{\mathrm{d}Q}{T}=\int_{a1b}\frac{\mathrm{d}Q}{T}+\int_{b2a}\frac{\mathrm{d}Q}{T}=0$$

所以

$$\int_{a1b}\frac{\mathrm{d}Q}{T}=-\int_{b2a}\frac{\mathrm{d}Q}{T}$$

由于过程可逆，所以有

$$\int_{a2b}\frac{\mathrm{d}Q}{T}=-\int_{b2a}\frac{\mathrm{d}Q}{T}$$

因此可得

$$\int_{a1b} \frac{\mathrm{d}Q}{T} = \int_{a2b} \frac{\mathrm{d}Q}{T} \tag{6.6.3}$$

在可逆过程中，系统从状态 a 改变到状态 b，其热温比的积分只取决于初、末态，而与过程无关。据此可知热温比的积分是一态函数的增量，将此态函数称为熵，记作 S。

若初态为 a，末态为 b，则熵函数的增量为

$$\Delta S = S_b - S_a = \int_a^b \frac{\mathrm{d}Q}{T} \tag{6.6.4}$$

熵的单位是 $\mathrm{J \cdot K^{-1}}$。这个态函数是在热力学中引入的，称为热力学熵或克劳修斯熵。

对于一个无限小的可逆过程，有

$$\mathrm{d}S = \frac{\mathrm{d}Q}{T} \tag{6.6.5}$$

（三）关于熵的几点说明

（1）熵是态函数，系统状态参量确定了，熵也就确定了。

（2）若变化路径是不可逆的，则上述熵的表达式是不成立的，因为式（6.6.5）仅适用于可逆循环。

（3）热力学只能对熵进行 $\mathrm{d}S = \dfrac{\mathrm{d}Q}{T}$ 的定义（可逆过程），并由此计算熵变，它无法说明熵的微观意义。

（4）虽然“熵”的概念比较抽象，但随着科学的发展和人们认识的不断深入，人们已经越来越深刻地认识到它的重要性不亚于能量，甚至超过能量。

（四）不可逆过程中熵的计算

初、末态均为平衡态的不可逆过程的熵变的计算有如下三种方法。

（1）设计一个连接相同初、末态的任意可逆过程，然后用 $\Delta S = S_b - S_a = \int_a^b \dfrac{\mathrm{d}Q}{T}$ 计算熵变。

（2）计算出熵作为状态参量的函数形式，再以初、末态参量代入公式计算熵变。

（3）若工程上已经对某些物质的一系列平衡态的熵制作了图表，则可通过查图表计算初、末态的熵变。

（五）理想气体的熵

（1）可逆等容过程：

$$\Delta S = \int_1^2 \frac{\mathrm{d}Q_V}{T} = \int_1^2 \frac{\nu C_{V,\mathrm{m}} \mathrm{d}T}{T} = \nu C_{V,\mathrm{m}} \ln \frac{T_2}{T_1} \tag{6.6.6}$$

（2）可逆等压过程：

$$\Delta S=\int_1^2\frac{\mathrm{d}Q_p}{T}=\int_1^2\frac{\nu C_{p,\mathrm{m}}\mathrm{d}T}{T}=\nu C_{p,\mathrm{m}}\ln\frac{T_2}{T_1} \tag{6.6.7}$$

（3）可逆等温过程：

$$\Delta S=\int_1^2\frac{\mathrm{d}Q_T}{T}=\nu\ln\frac{V_2}{V_1} \tag{6.6.8}$$

（4）可逆绝热过程：

$$\Delta S=\int_1^2\frac{\mathrm{d}Q_{\text{绝热}}}{T}=0 \tag{6.6.9}$$

6.6.3 熵增加原理及热力学第二定律的表述

（一）熵增加原理

在孤立系统中发生的任何不可逆过程都将导致系统的熵增加，可逆的绝热过程的熵保持不变。或者说，一个孤立系统的熵永不减少，即 $\Delta S\geqslant 0$。

（二）热力学第二定律的表述

如果考虑一个任意的不可逆过程，由克劳修斯不等式可知：

$$\oint\frac{\mathrm{d}Q}{T}=\int_{a1b}\frac{\mathrm{d}Q_{\text{不可逆}}}{T}+\int_{b2a}\frac{\mathrm{d}Q_{\text{可逆}}}{T}<0$$

而 $\int_{a2b}\frac{\mathrm{d}Q_{\text{可逆}}}{T}=S_b-S_a$，其中 S_a 和 S_b 分别是热力学系统初态和末态的熵，由此可得

$$\int_{a1b}\frac{\mathrm{d}Q_{\text{不可逆}}}{T}<S_b-S_a \tag{6.6.10}$$

这是任意的不可逆过程所遵循的不等式，是不可逆过程的热力学第二定律的数学表述。

思考题

6.1 “任何没有体积改变的过程就一定不会对外界做功”，这种说法对吗？为什么？

6.2 为什么热力学第二定律可以有很多不同的表述方式？

6.3 “功可以完全变为热，但是热不能完全变为功”，这种表述正确吗？为什么？

6.4 克劳修斯表述是不是说热量不可以从低温物体传递到高温物体？为什么？

6.5 下列过程是不是可逆的？为什么？

（1）高速运动的列车突然刹车，最终静止。

（2）在体积保持不变的情况下给容器内的空气加热，使其温度改变。

（3）通过活塞（假设无摩擦）缓慢地压缩容器中的气体。

附录　标量和矢量及矢量的运算

一、标量和矢量

在经典物理学中，我们会遇到两类物理量。一类是各向同性的物理量，因为这类物理量各个方向都一样，只需要用仅有大小、没有方向的标量描述就够了，如质量、时间、长度等，标量运算遵循代数运算法则；另一类是各向异性的物理量，因为这类物理量各个方向不一样，需要用既有大小又有方向的矢量来描述，如速度、加速度、力等，矢量遵循矢量运算法则。矢量通常用黑体字母(如 $\boldsymbol{A}$)表示，矢量的大小称为矢量的模，可表示为 $|\boldsymbol{A}|$ 或 A 。如果一个矢量的模与矢量 $\boldsymbol{A}$ 的模相等，方向相反，该矢量就可表示为 $-\boldsymbol{A}$ 。

二、矢量的运算

矢量具有空间平移不变性，矢量的运算可以分为几何法和解析法。

1. 几何法

矢量的加减运算可以利用几何法完成，它包括三角形法则和平行四边形法则。

1)三角形法则

如附图 1 所示，设一个质点的初始位矢为 $\boldsymbol{A}$，位移为 $\boldsymbol{B}$，末位矢为 $\boldsymbol{C}$，则有 $\boldsymbol{A}+\boldsymbol{B}=\boldsymbol{C}$ 。$\boldsymbol{C}$ 就是 $\boldsymbol{A}$ 和 $\boldsymbol{B}$ 的合矢量，这就是矢量相加的三角形法则。而矢量 $\boldsymbol{A}$ 和矢量 $\boldsymbol{B}$ 相减 $\boldsymbol{A}-\boldsymbol{B}$ 可以看成 $\boldsymbol{A}+(-\boldsymbol{B})$，运算方法和矢量相加相同。

2)平行四边形法则

如附图 2 所示，由附图 1，根据矢量空间平移不变性得到矢量运算的平行四边形法则，合矢量 $\boldsymbol{C}$ 的模和方向(用矢量 $\boldsymbol{A}$ 和 $\boldsymbol{C}$ 的夹角表示)分别为

$$C=\sqrt{A^2+B^2+2AB\cos\alpha}$$

$$\theta=\arctan\frac{B\sin\alpha}{A+B\cos\alpha}$$

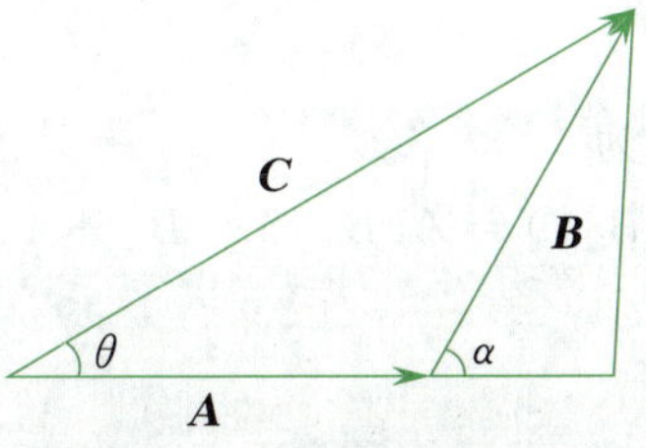

附图 1　三角形法则

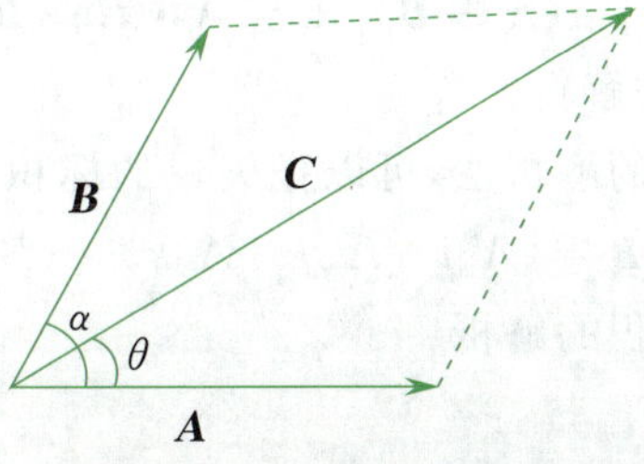

附图 2　平行四边形法则

2. 解析法

运用在坐标系中矢量的解析法,可以使矢量的加减、标积、矢积、求导和积分等运算简化。

1)单个矢量的解析

几个矢量可以合成一个矢量,那么一个矢量也可以分解为几个矢量。在实际问题中,可以把一个矢量在建立的坐标系中分解成几个矢量。如附图3所示,矢量 $\boldsymbol{A}$ 可以在直角坐标系中分解成 $\boldsymbol{A}_x$、$\boldsymbol{A}_y$ 和 $\boldsymbol{A}_z$ 三个矢量,则有 $\boldsymbol{A}=\boldsymbol{A}_x+\boldsymbol{A}_y+\boldsymbol{A}_z$,其中,$\boldsymbol{A}_x=A_x\boldsymbol{i}=A\cos\alpha\boldsymbol{i}$、$\boldsymbol{A}_y=A_y\boldsymbol{j}=A\cos\beta\boldsymbol{j}$ 和 $\boldsymbol{A}_z=A_z\boldsymbol{k}=A\cos\gamma\boldsymbol{k}$ 分别是矢量 $\boldsymbol{A}$ 在 x 轴、y 轴和 z 轴上的分矢量。

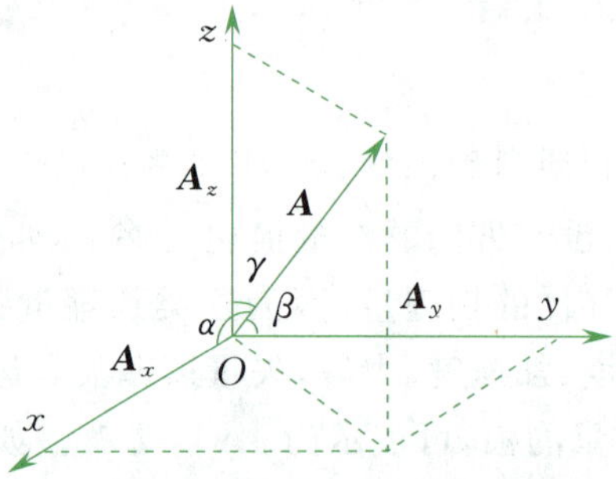

附图3 解析法

2)矢量合成的解析

运用矢量的解析法,可以把矢量的合成 $\boldsymbol{A}\pm\boldsymbol{B}=\boldsymbol{C}$ 解析为 $(\boldsymbol{A}_x\pm\boldsymbol{B}_x)+(\boldsymbol{A}_y\pm\boldsymbol{B}_y)+(\boldsymbol{A}_z\pm\boldsymbol{B}_z)=\boldsymbol{C}_x+\boldsymbol{C}_y+\boldsymbol{C}_z$。其中,

$$\boldsymbol{C}_x=\boldsymbol{A}_x\pm\boldsymbol{B}_x=(A_x\pm B_x)\boldsymbol{i}=C_x\boldsymbol{i}$$
$$\boldsymbol{C}_y=\boldsymbol{A}_y\pm\boldsymbol{B}_y=(A_y\pm B_y)\boldsymbol{j}=C_y\boldsymbol{j}$$
$$\boldsymbol{C}_z=\boldsymbol{A}_z\pm\boldsymbol{B}_z=(A_z\pm B_z)\boldsymbol{k}=C_z\boldsymbol{k}$$

合矢量的模为

$$C=\sqrt{C_x^2+C_y^2+C_z^2}=\sqrt{(A_x\pm B_x)^2+(A_y\pm B_y)^2+(A_z\pm B_z)^2}$$

3)矢量标积的解析

(1)定义。

设两个夹角为 $\alpha(\alpha<\pi)$ 的矢量 $\boldsymbol{A}$ 和 $\boldsymbol{B}$,这两个矢量的标积定义为 $\boldsymbol{A}\cdot\boldsymbol{B}=AB\cos\alpha$。

(2)基本性质。

由标积的定义可知,两个矢量的标积运算有以下基本性质。

遵循交换律:$\boldsymbol{A}\cdot\boldsymbol{B}=AB\cos\alpha=\boldsymbol{B}\cdot\boldsymbol{A}$。

遵循分配律:$(\boldsymbol{A}+\boldsymbol{B})\cdot\boldsymbol{C}=\boldsymbol{A}\cdot\boldsymbol{C}+\boldsymbol{B}\cdot\boldsymbol{C}$。

(3)标积的解析。

运用矢量的解析法,可以把矢量的标积 $\boldsymbol{A}\cdot\boldsymbol{B}$ 解析为

$$\boldsymbol{A}\cdot\boldsymbol{B}=(A_x\boldsymbol{i}+A_y\boldsymbol{j}+A_z\boldsymbol{k})\cdot(B_x\boldsymbol{i}+B_y\boldsymbol{j}+B_z\boldsymbol{k})=A_xB_x+A_yB_y+A_zB_z$$

4)矢量矢积的解析

(1)定义。

设两个夹角为 $\alpha(\alpha<\pi)$ 的矢量 $\boldsymbol{A}$ 和 $\boldsymbol{B}$,这两个矢量的矢积定义为 $\boldsymbol{A}\times\boldsymbol{B}=\boldsymbol{C}$,矢量 $\boldsymbol{C}$ 的大小为 $C=AB\sin\alpha$,等于矢量 $\boldsymbol{A}$ 和 $\boldsymbol{B}$ 确定的平行四边形的面积,方向由右手螺旋定则判断。

(2)基本性质。

由矢积的定义可知,两个矢量的矢积运算有以下基本性质。

不遵循交换律:$\boldsymbol{A}\times\boldsymbol{B}\neq-\boldsymbol{B}\times\boldsymbol{A}$ 。

遵循分配律:$(\boldsymbol{A}+\boldsymbol{B})\times\boldsymbol{C}=\boldsymbol{A}\times\boldsymbol{C}+\boldsymbol{B}\times\boldsymbol{C}$ 。

(3)矢积的解析。

运用矢量的解析法,可以把矢量的矢积 $\boldsymbol{A}\times\boldsymbol{B}$ 解析为

$$\begin{aligned}\boldsymbol{A}\times\boldsymbol{B}&=(A_x\boldsymbol{i}+A_y\boldsymbol{j}+A_z\boldsymbol{k})\times(B_x\boldsymbol{i}+B_y\boldsymbol{j}+B_z\boldsymbol{k})\\&=(A_yB_z-A_zB_y)\boldsymbol{i}+(A_zB_x-A_xB_z)\boldsymbol{j}+(A_xB_y-A_yB_x)\boldsymbol{k}\end{aligned}$$

5)矢量求导的解析

运用矢量的解析法,可以把矢量的求导 $\frac{\mathrm{d}\boldsymbol{A}}{\mathrm{d}t}$ 解析为

$$\frac{\mathrm{d}\boldsymbol{A}}{\mathrm{d}t}=\frac{\mathrm{d}A_x}{\mathrm{d}t}\boldsymbol{i}+\frac{\mathrm{d}A_y}{\mathrm{d}t}\boldsymbol{j}+\frac{\mathrm{d}A_z}{\mathrm{d}t}\boldsymbol{k}$$

6)矢量积分的解析

运用矢量的解析法,可以把矢量的积分 $\int\mathrm{d}\boldsymbol{A}$ 解析为

$$\int\mathrm{d}\boldsymbol{A}=\int\mathrm{d}A_x\boldsymbol{i}+\int\mathrm{d}A_y\boldsymbol{j}+\int\mathrm{d}A_z\boldsymbol{k}$$

参 考 文 献

[1]马文蔚,周雨青.物理学教程[M].3 版.北京:高等教育出版社,2016.
[2]李承祖,杨丽佳.大学物理学[M].北京:科学出版社,2009.
[3]王少杰,顾牡,吴天刚.新编基础物理学[M].3 版.北京:科学出版社,2019.
[4]渊小春,王喆.大学物理[M].上海:同济大学出版社,2014.
[5]刘国松.大学物理[M].上海:同济大学出版社,2015.
[6]康颖.大学物理[M].3 版.北京:科学出版社,2015.
[7]王纪龙,杨毅彪.大学物理[M].5 版.北京:科学出版社,2016.
[8]肖文波,熊文林.大学物理[M].2 版.北京:科学出版社,2017.
[9]姚映波.大学物理学[M].哈尔滨:哈尔滨工业大学出版社,2018.

20. 1 mol 的单原子分子理想气体自 A 点起，沿顺时针方向完成一个循环，如图 6.1 所示，求循环效率。

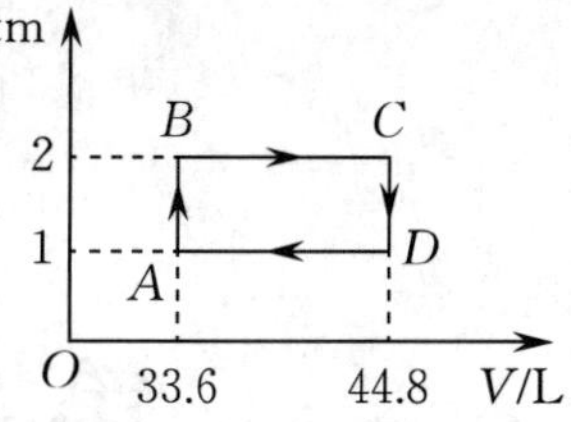

图 6.1

21. 如图 6.2 所示，设氮气的质量为 14 g，进行 $abca$ 的循环过程（ ca 为等温线）。试求：

（1）气体在各过程中所做的功；

（2）在各过程中传递的热量；

（3）循环效率。

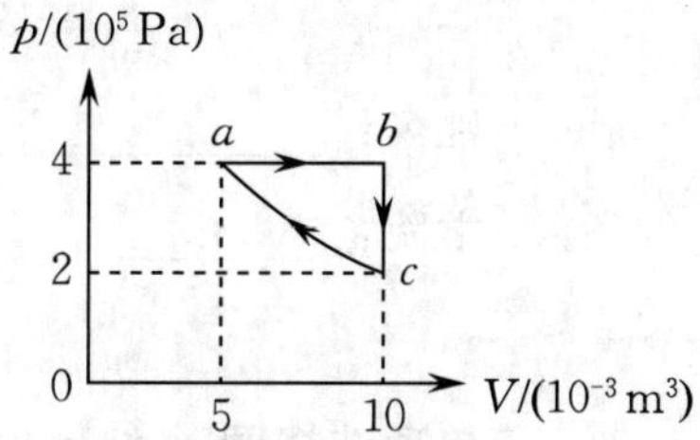

图 6.2

五、证明题（本大题共 1 小题，每小题 10 分，共 10 分）

22. 证明：工作在温度为 T_1 的高温热源与温度为 T_2 的低温热源之间的可逆卡诺热机的效率为 $\eta = 1 - \frac{T_2}{T_1}$ 。

第六章答案
讲解视频

第六章　热力学基础

姓名：＿＿＿＿＿＿　学号：＿＿＿＿＿＿　序号：＿＿＿＿＿＿

学院：＿＿＿＿＿＿　班级：＿＿＿＿＿＿　成绩：＿＿＿＿＿＿

一、单项选择题（本大题共 6 小题，每小题只有一个正确答案，答对一题得 3 分，共 18 分）

1. 热力学第一定律表明（　　）。

A. 系统对外界做的功小于吸收的热量

B. 系统内能的增量小于吸收的热量

C. 热机的效率小于 1

D. 第一类永动机不可能实现

2. 根据热力学第二定律，下列说法中正确的是（　　）。

A. 热量能从高温物体传到低温物体，但不能从低温物体传到高温物体

B. 功可以全部变为热，但热不能全部变为功

C. 气体能够自由膨胀，但不能自由压缩

D. 有规则运动的能量能够变为无规则运动的能量，但无规则运动的能量不能变为有规则运动的能量

3. 对于室温下的双原子分子理想气体，在等压膨胀的情况下，系统对外界做的功和从外界吸收的热量之比等于（　　）。

A. 1/3　　B. 1/4　　C. 2/5　　D. 2/7

4. 系统由初态 Ⅰ 经历不同过程达到终态 Ⅱ，则在各个过程中（　　）。

A. 做的功不同，内能的变化量不同，吸收的热量不同

B. 做的功不同，内能的变化量相同，吸收的热量不同

21. 一瓶氢气和氧气的温度相同，若氢分子的平均平动动能为 6.21×10^{-21} J，试求：

（1）氧分子的平均动能；

（2）氧气的温度。

22. 体积为 2.0×10^{-3} m^3的双原子理想气体分子，其内能为 6.75×10^{2} J 。

（1）求气体的压强；

（2）若气体分子总数为 5.4×10^{22}个，求分子的平均平动动能和气体的温度。

23. 计算在 27 ℃ 时，二氧化碳分子的最概然速率、方均根速率和平均速率。

五、证明题（本大题共 1 小题，每小题 10 分，共 10 分）

24. 利用麦克斯韦速率分布函数 $f(v)\mathrm{d}v=4\pi\left(\frac{m}{2\pi kT}\right)^{3/2}\mathrm{e}^{-\frac{mv^2}{2kT}}v^2\mathrm{d}v$ 证明：该分布的方均根速率为 $\sqrt{v^2}=\sqrt{\frac{3kT}{m}}$ 。$\left(\text{积分公式为}\int_0^{\infty}\mathrm{e}^{-\alpha x^2}\cdot x^4\,\mathrm{d}x=\frac{3}{8}\sqrt{\pi}\alpha^{-\frac{5}{2}}\right)$

第五章答案
讲解视频

第五章　气体动理论

姓名：__________　学号：__________　序号：__________

学院：__________　班级：__________　成绩：__________

一、单项选择题（本大题共 6 小题，每小题只有一个正确答案，答对一题得 3 分，共 18 分）

1. 若理想气体的体积为 V，压强为 p，温度为 T，一个分子的质量为 m，k 为玻尔兹曼常量，R 为普适气体常量，则该理想气体的分子数密度为（　　）。

A. $\frac{pV}{kT}$　　B. $\frac{pV}{m}$　　C. $\frac{p}{kT}$　　D. $\frac{pV}{mT}$

2. 体积恒定的容器内储有理想气体，若把气体的温度提高为原来的 2 倍，则（　　）。

A. 分子的平均动能和气体的压强都不变

B. 分子的平均动能和气体的压强都提高为原来的 2 倍

C. 分子的平均动能提高为原来的 4 倍，气体的压强提高为原来的 2 倍

D. 分子的平均动能提高为原来的 2 倍，气体的压强提高为原来的 4 倍

3. 以下关于温度的说法中错误的是（　　）。

A. 气体的温度是气体分子平均平动动能的量度

B. 气体的温度是大量气体分子热运动的集体表现，具有统计意义

C. 温度的高低反映物质内部分子运动剧烈程度的不同

D. 从微观上看，气体的温度表示每个气体分子的冷热程度

4. 一容器中装有一定量的某种气体，在忽略重力场影响的条件下，处于平衡态时满足的条件是（　　）。

A. 容器内各部分压强相等

第一章 质点的运动

姓名：__________ 学号：__________ 序号：__________

学院：__________ 班级：__________ 成绩：__________

一、单项选择题（本大题共 6 小题，每小题只有一个正确答案，答对一题得 3 分，共 18 分）

1. 某质点的运动方程为 $x=5t^2-2t+3$（SI），则该质点的运动是（　　）。

A. 变加速直线运动　　B. 曲线运动

C. 匀加速直线运动　　D. 匀速直线运动

2. 一质点做圆周运动时，有（　　）。

A. 切向加速度、法向加速度均改变

B. 切向加速度可能不变，法向加速度一定改变

C. 切向加速度可能不变，法向加速度不变

D. 切向加速度改变，法向加速度不变

3. 质量为 m 的物体自空中落下，它除受重力作用外，还受到一个与速度的二次方成正比的阻力作用，比例系数为 k（k 为常量），该下落物体的终极速度（即最后物体做匀速运动时的速度）将是（　　）。

A. $\sqrt{\dfrac{mg}{k}}$　　B. $\dfrac{g}{2k}$　　C. gk　　D. $\sqrt{gk}$

4. 一段路面水平的公路，转弯处轨道半径为 R，摩托车轮胎与路面间的滑动摩擦系数为 μ，要使摩托车不发生侧向打滑，摩托车在该处的行驶速率（　　）。

A. 不得小于 $\sqrt{\mu gR}$　　B. 必须等于 $\sqrt{\mu gR}$

C. 不得大于 $\sqrt{\mu gR}$　　D. 应由摩托车的质量决定

21. 如图 1.5 所示，升降机内有两个质量分别为 m_1、m_2的物体，用细绳连接并跨过滑轮，细绳不可伸长，滑轮的质量及摩擦力均忽略不计。当升降机以加速度 a 加速上升时，试求两个物体相对于升降机的加速度。

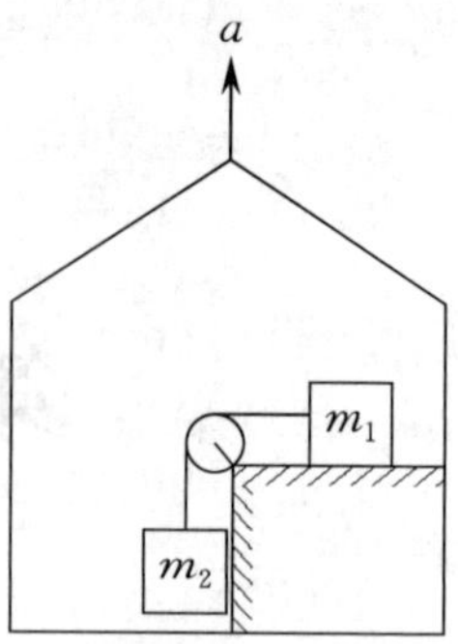

图 1.5

22. 如图 1.6 所示，一总长为 l 的链条放在水平桌面上，其中一段下垂，其长度为 a，假设开始时链条静止，求：

（1）桌面光滑时，链条离开桌边时的速度；

（2）链条与桌面间的滑动摩擦系数为 μ 时，链条离开桌边时的速度。

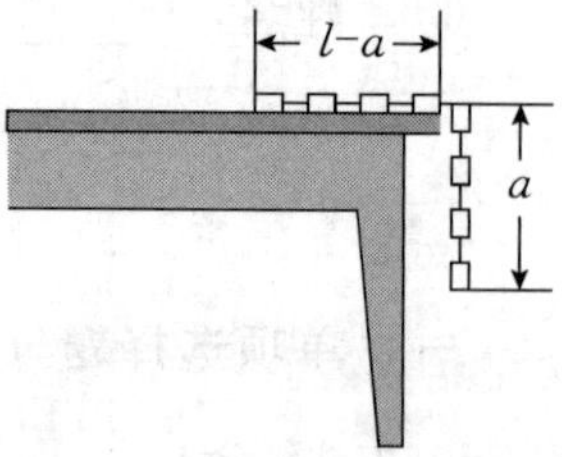

图 1.6

23. 如图 1.7 所示，质量分别为 m_1和 m_2的两个小球，用两根长为 l 的轻绳悬挂起来，现将质量为 m_1的小球拉到水平位置，然后放手任其下落，并与质量为 m_2的小球发生完全弹性碰撞，求这两个小球各弹多高。

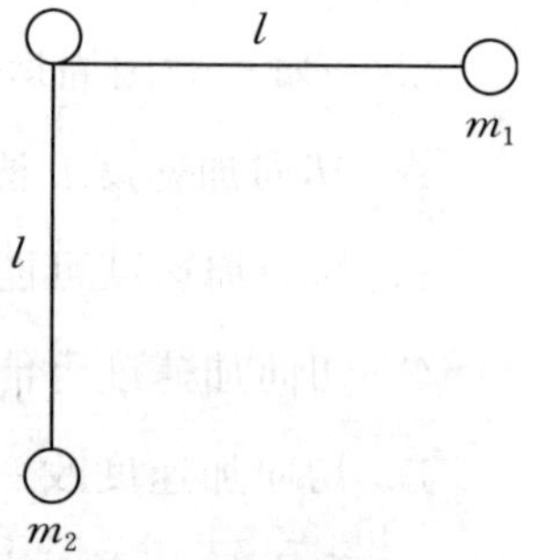

图 1.7

五、证明题（本大题共 1 小题，每小题10 分，共 10 分）

24. 一质量为 m 的质点在水平面内运动，受与速率成正比的阻力 kv（ k 为常量）作用，$t=0$ 时质点的速率为 v_0，证明：

（1）t 时刻质点的速率为 $v=v_0\,\mathrm{e}^{-\frac{k}{m}t}$；

（2）质点停止运动前经过的距离为 $x=\dfrac{m}{k}v_0$。

第一章答案讲解视频

第二章　刚体的运动

姓名：____________　学号：____________　序号：____________

学院：____________　班级：____________　成绩：____________

一、单项选择题（本大题共 6 小题，每小题只有一个正确答案，答对一题得 3 分，共 18 分）

1. 某刚体的运动方程为 $\theta=t^2-3t+1$ (SI)，则该刚体的运动是（　　）。

A. 变速率定轴转动　　B. 匀速率定轴转动

C. 不能确定　　D. 匀变速率定轴转动

2. 如图 2.1 所示，A、B 为两个相同的绕着轻绳的定滑轮。定滑轮 A 挂一质量为 M 的物体，定滑轮 B 受拉力 F，而且 $F=Mg$，设 A、B 两定滑轮的角加速度分别为 α_A 和 α_B，不计定滑轮轴的摩擦，则（　　）。

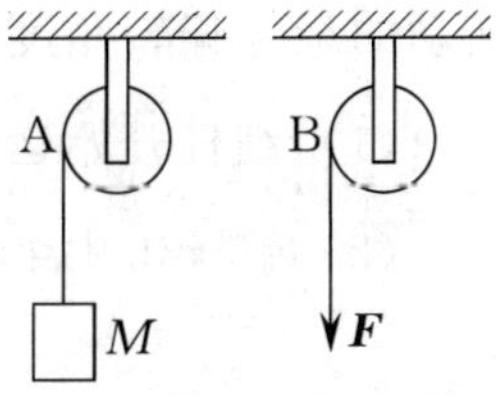

图 2.1

A. $\alpha_A<\alpha_B$　　B. $\alpha_A=\alpha_B$

C. $\alpha_A>\alpha_B$　　D. 无法确定

3. 关于力矩，下列说法中正确的是（　　）。

A. 若两个作用力对转轴的合力矩为零，则它们的合力一定为零

B. 若两个作用力平行于刚体的固定转轴，则它们对转轴的合力矩一定为零

C. 若两个作用力的合力为零，则它们对转轴的合力矩一定为零

D. 一对作用力和反作用力对同一转轴的力矩之和不一定为零

4. 关于刚体对定轴的转动惯量，下列说法中正确的是（　　）。

A. 只取决于转轴的位置，与刚体的质量和质量的空间分布无关

B. 取决于刚体的质量和质量的空间分布，与转轴的位置无关

22. 在绕盘心自由旋转的水平圆盘边上，站着一质量为 m 的人，圆盘的半径为 R 、质量为 M 、角速度为 ω_0，如果该人由盘边走到盘心，试求此时圆盘的角速度 ω 。

23. 如图 2.4 所示，弹簧的刚度系数为 k，定滑轮的质量为 M 、半径为 R，物体的质量为 m，试求当物体下落的高度为 h 时其速率和定滑轮的角速度。（假设开始时物体静止而弹簧无伸长。）

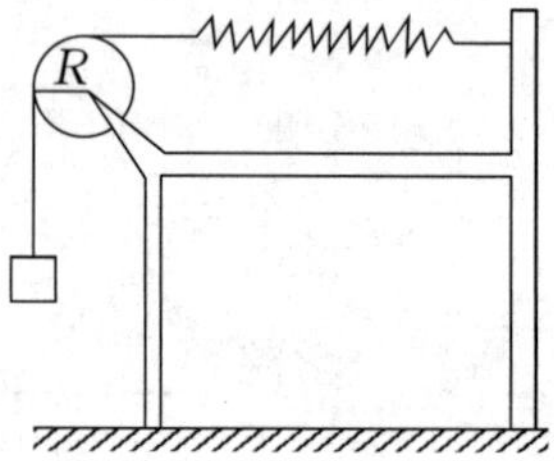

图 2.4

24. 如图 2.5 所示，一根长为 L 、质量为 M 的均匀细杆可绕通过其一端 O 的水平轴自由摆动，当细杆静止时被一质量为 m 的钉子在距 O 点 l 处击中后，钉子进入细杆，随细杆转动的最大偏转角度是 α，试求：

（1）细杆开始运动时的角速度；

（2）钉子击中细杆前的初速率 v 。

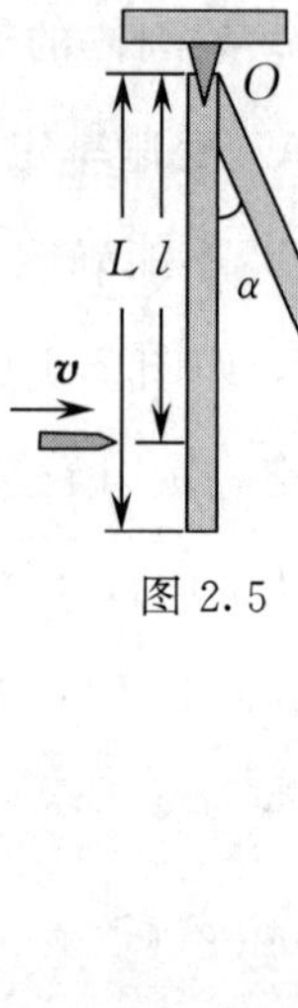

图 2.5

五、证明题（本大题共 1 小题，每小题 10 分，共 10 分）

25. 一转动惯量为 J 的圆盘在流体中做定轴转动，受到与角速度的二次方成正比的阻力矩 $k\omega^2$（k 为常量）作用，$t=0$ 时刚体的角速度为 ω_0，证明：刚体的角速度为 ω 时转过的圈数为 $N=\dfrac{J}{2\pi k}\ln\dfrac{\omega_0}{\omega}$ 。

第二章答案
讲解视频

第三章　机械振动及机械波

姓名：________　学号：________　序号：________

学院：________　班级：________　成绩：________

一、单项选择题（本大题共 6 小题，每小题只有一个正确答案，答对一题得 3 分，共 18 分）

1. 一弹簧振子系统，振子的质量为 m，弹簧的刚度系数为 k，该振子做振幅为 A 的简谐振动，当振子通过平衡位置且向选定的正方向运动时开始计时，其简谐振动方程为（　　）。

A. $x=A\cos\left(\sqrt{\frac{k}{m}}t+\frac{\pi}{2}\right)$　　B. $x=A\cos\left(\sqrt{\frac{k}{m}}t-\frac{\pi}{2}\right)$

C. $x=A\cos\left(\sqrt{\frac{m}{k}}t+\frac{\pi}{2}\right)$　　D. $x=A\cos\left(\sqrt{\frac{m}{k}}t-\frac{\pi}{2}\right)$

2. 把单摆从平衡位置拉开，使摆线与竖直方向成一微小角度 θ_m，然后由静止放手任其自由振动，从第一次通过平衡位置时开始计时，若用余弦函数表示其振动方程，则该单摆的初相位为（　　）。

A. π　　B. $\frac{\pi}{2}$　　C. 0　　D. $-\frac{\pi}{2}$

3. 一个简谐振动的振幅为 A，周期为 T，则（　　）。

A. 振幅为 $2A$ 时，周期为 $2T$　　B. 振幅为 $2A$ 时，周期为 T

C. 振幅为 $A/2$ 时，周期为 $2T$　　D. 振幅为 $A/2$ 时，周期为 $T/2$

4. 频率为 200 Hz 的机械波，波速为 360 $\mathrm{m\cdot s^{-1}}$，则同一波线上相位差为 $\pi/2$ 的两点相距（　　）。

A. 0.24 m　　B. 0.48 m　　C. 0.45 m　　D. 0.12 m

21. 一物体沿 x 轴做简谐振动，振幅为 30 cm，周期为 5 s 。当 $t=0$ 时位移为 15 cm，且向 x 轴正方向运动。试求：

（1）简谐振动方程；

（2）物体从初始位置运动到 $x=-15$ cm 处所需要的最短时间。

22. 两个同方向、同频率的简谐振动的振动方程分别为 $x_1=0.04\cos(10t+\pi/4)$（SI）和 $x_2=0.03\cos(10t+3\pi/4)$（SI）。

（1）试求合振动的振幅及初相位；

（2）若另一个简谐振动的振动方程为 $x_3=0.05\cos(10t+\varphi)$，则 φ 为何值时，三个振动的合振动的振幅最大？

23. 如图 3.2 所示，一平面简谐波沿 x 轴正方向传播，波速大小为 u，若 B 点处质点的简谐振动方程为 $y_B=A\cos(\psi t+\varphi)$，试求：

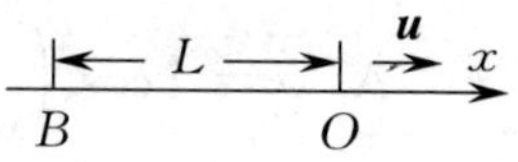

图 3.2

（1）O 点处质点的简谐振动方程；

（2）以 O 点为波源，该波的波函数。

五、证明题（本大题共 1 小题，每小题 10 分，共 10 分）

24. 试证明：弹簧振子系统的机械能守恒。

第三章答案
讲解视频

5. 地球绕太阳做椭圆运动（太阳在椭圆的一个焦点上），则在运动过程中，（　　）。

A. 地球的动量不守恒，动能守恒

B. 地球的动量守恒，动能不守恒

C. 地球的角动量守恒，动能不守恒

D. 地球的角动量不守恒，动能守恒

6. 如图 1.1 所示，一圆锥摆在水平面内做圆周运动，则（　　）。

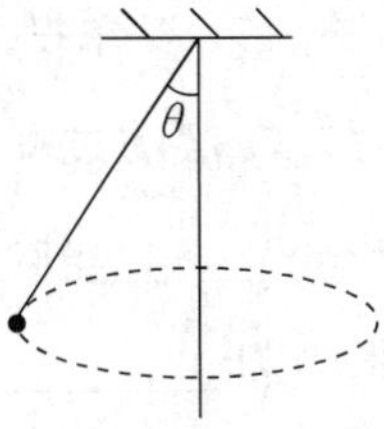

图 1.1

A. 摆球的动量、摆球与地球组成的系统的机械能都守恒

B. 摆球的动量、摆球与地球组成的系统的机械能都不守恒

C. 摆球的动量不守恒，摆球与地球组成的系统的机械能守恒

D. 摆球的动量守恒，摆球与地球组成的系统的机械能不守恒

二、判断题（本大题共 6 小题，每小题 1 分，共 6 分，在括号内填√表示说法正确，在括号内填×表示说法错误，本题只需指出正确与错误，不需要修改）

7. 运动具有独立性，一个物体所做的曲线运动可以分解为几个直线运动。（　　）

8. 切向加速度只改变质点的运动方向，法向加速度只改变质点的速度大小。（　　）

9. 地球表面的重力加速度随着纬度的升高而增大，随着高度的增大而减小。（　　）

10. 弹性力做正功时弹性势能增大，反之减小。（　　）

11. 质点间的内力对质点系的动量和动能的改变都没有贡献。（　　）

12. 保守内力可以实现质点系动能和势能的相互转化，但不会改变其机械能。（　　）

三、填空题（本大题共 6 小题，每空 2 分，共 26 分）

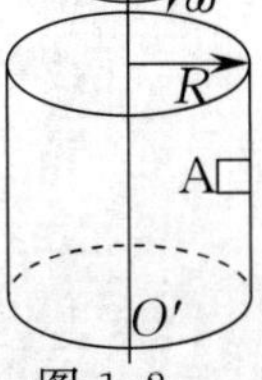

图 1.2

13. 一质点做平面运动，已知其运动方程为 $\boldsymbol{r}=at\boldsymbol{i}+(bt^2+c)\boldsymbol{j}$，其中 a、b、c 均为常量，则该质点运动的轨迹方程为__________。

14. 如图 1.2 所示，半径为 R 的竖立圆筒形转笼绕中心轴 OO' 转动，物块 A 紧靠在转笼的内壁上，物块 A 与转笼间的滑动摩擦系

数为 μ，要使物块 A 不下落，转笼的角速度 ω 至少为________。

15. 有两个彼此相距很远的天体 A 和 B，A 的质量是 B 的质量的 3/4，A 的半径是 B 的半径的 1/2，则 A 表面的重力加速度是 B 表面的重力加速度的________。

16. 如图 1.3 所示，加速度 a 至少等于________时，质量为 m 的物体对斜面的正压力为零，此时绳子的张力 $T=$________。

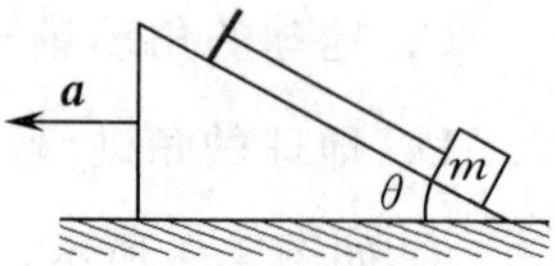

图 1.3

17. 一单摆从水平位置处开始摆动，不计空气阻力，在摆动过程中，$\theta=$________时，摆线的张力最大，最大张力为________；$\theta=$________时，摆线的张力最小，最小张力为________；在任意时刻，摆线的张力为________。

18. 在光滑的水平面上，质量为 $m_1=100$ g 的小球以 0.3 $m\cdot s^{-1}$ 的速率向东运动，质量为 $m_2=60$ g 的小球以 0.1 $m\cdot s^{-1}$ 的速率向西运动，两球发生正碰后，质量为 m_1 的小球静止不动，质量为 m_2 的小球以________的速率向________运动，两球的碰撞属于________碰撞（填“弹性”、“非弹性”或“完全非弹性”）。

四、计算题（本大题共 5 小题，每小题 8 分，共 40 分）

19. 一质点沿 x 轴方向运动，加速度 $a=4t+3$（$m\cdot s^{-2}$），当 $t=3$ s 时，$v=2$ $m\cdot s^{-1}$，$x=3$ m，试求 t 时刻质点的速度和位矢。

20. 如图 1.4 所示，灯距地面的高度为 L，有一身高为 h 的人，在灯下以速率 v 沿水平直线行走，试求他的头顶在地上的影子的运动速度。

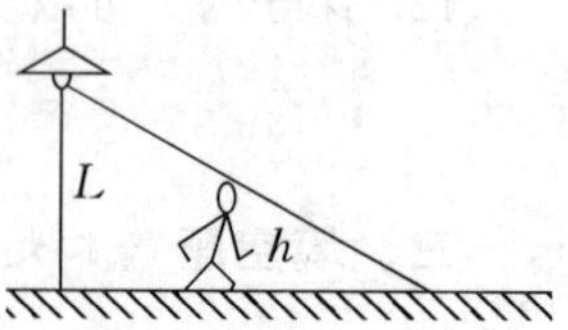

图 1.4

C. 只取决于刚体的质量，与质量的空间分布和转轴的位置无关

D. 取决于刚体的质量、质量的空间分布和转轴的位置

5. 一个芭蕾舞演员绕通过自身的竖直轴转动，开始时两臂伸开，转动惯量为 J_0，角速度为 ω_0，然后她将两臂收回，使其转动惯量减小为 $J_0/2$，这时她转动的角速度变为（　　）。

A. $\omega_0/3$　　B. $\omega_0/2$　　C. $2\omega_0$　　D. $3\omega_0$

6. 对于由两个质点组成的质点系，若它们之间只有引力作用，且两质点所受外力的矢量和为零，则此质点系（　　）。

A. 动量守恒，但机械能和角动量是否守恒不能确定

B. 动量、机械能及角动量都守恒

C. 动量和角动量守恒，但机械能是否守恒不能确定

D. 动量、机械能守恒，但角动量是否守恒不能确定

二、判断题（本大题共 6 小题，每小题 1 分，共 6 分，在括号内填√ 表示说法正确，在括号内填×表示说法错误，本题只需指出正确与错误，不需要修改）

7. 刚体做定轴转动时，刚体上所有质元的角速度和角加速度都相等。（　　）

8. 平行于转轴方向的作用力产生的力矩为零。（　　）

9. 内力矩不会改变刚体的角动量。（　　）

10. 转动惯量是刚体转动惯性的量度，其越大，改变刚体的转动状态越困难。（　　）

11. 外力矩做功只引起刚体转动动能的改变，对刚体势能没有影响。（　　）

12. 质点和刚体的碰撞过程中，系统的动量保持不变。（　　）

三、填空题（本大题共 7 小题，每空 2 分，共 26 分）

13. 半径为 $R=2.0$ m 的飞轮做匀变速转动，初角速度 $\omega_0=5\ \mathrm{rad \cdot s^{-1}}$，角加速度 $\alpha=-3\ \mathrm{rad \cdot s^{-2}}$，则 $t=3$ s 时它的角速度为________，而此时边缘上一点的线速度为________。

14. 一汽车发动机转子的转速在 10 s 内由 $1.0\times10^3\ \mathrm{r \cdot min^{-1}}$ 均匀地增加到 $3.0\times10^3\ \mathrm{r \cdot min^{-1}}$，则该发动机的角加速度为________；在此时间间隔内，转子转过的圈数为________。

15. 有两个彼此用链条相连的轮子 A 和 B，A 的半径是 B 的半径的 1/2，则 A 的角速度是 B 的角速度的________。

16. 在 xOy 平面内的三个质点，质量分别为 $m_1=2$ kg、$m_2=3$ kg 和 $m_3=5$ kg，位置坐标分别为（−4，−1）、（−1，3）和（2，5）(SI)，则这三个质点构成的质点系对 z 轴的转动惯量为________。

17. 一长为 L 的轻质细杆两端分别固定质量为 m 和 $2m$ 的小球，此系统在竖直平面内可绕通过细杆的中点 O 的转轴做定轴转动，则此系统的转动惯量 $J=$________；当细杆转到水平位置时，此系统受到的合外力矩 $M=$________，角加速度 $\alpha=$________。

18. 将一质量为 m 的小球系于轻绳的一端，绳的另一端穿过光滑水平桌面上的小孔，用力拉住，先使小球以角速度 ω_0 在桌面上做半径为 r_0 的圆周运动，然后缓慢将绳下拉，使半径缩小为 $2r_0/3$，此时小球的角速度为________，动能为________，在此过程中拉力所做的功为________。

19. 如图 2.2 所示，一个质量为 m 、速率为 v_0 的小球和一个质量为 M 、长度为 L 的细杆的一端发生弹性碰撞，碰撞后细杆的角速度是________。

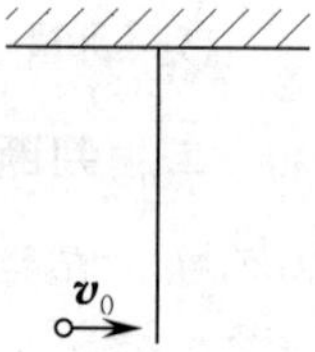

图 2.2

四、计算题（本大题共 5 小题，每小题 8 分，共 40 分）

20. 一刚体做定轴转动，角加速度 $\alpha=3t^2+2t+1$ (rad·s^{-2})，当 $t=1$ s 时，$\omega_1=0.5$ rad·s^{-1}，$\theta_1=\dfrac{\pi}{2}$，试求：

（1）$t=10$ s 时刚体的角速度；

（2）刚体经过 t 时间转过的圈数。

21. 如图 2.3 所示，定滑轮的半径为 R 、质量为 M，质量为 m_1 的物体与桌面间的滑动摩擦系数为 μ，求绳的张力和质量为 m_2 的物体从静止开始下落 h 的高度时的速率（设绳与定滑轮间无相对滑动）。

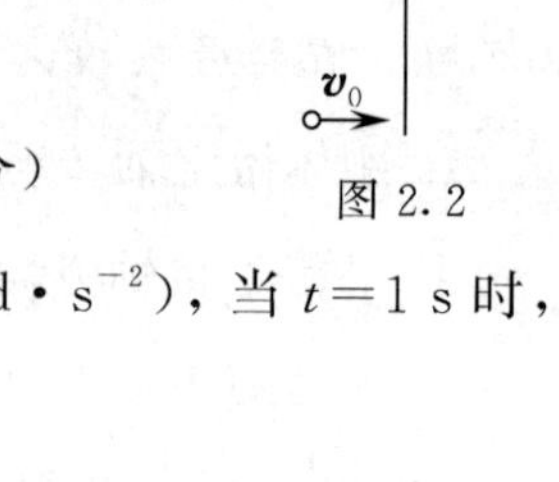

图 2.3

5. 如图 3.1 所示，有一平面简谐波沿 x 轴负方向传播，坐标原点 O 的简谐振动方程为 $y=A\cos(\psi t+\varphi_0)$，则 B 点的简谐振动方程为（　　）。

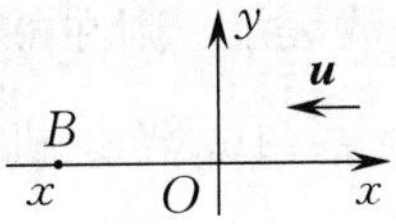

图 3.1

A. $y=A\cos\left[\psi\left(t-\dfrac{x}{u}\right)+\varphi_0\right]$　　B. $y=A\cos\left[\psi\left(t+\dfrac{x}{u}\right)+\varphi_0\right]$

C. $y=A\cos\left[\psi\left(t-\dfrac{x}{u}\right)\right]$　　D. $y=A\cos\left[\psi\left(t+\dfrac{x}{u}\right)\right]$

6. 当一平面简谐波在弹性介质中传播时，下列说法中正确的是（　　）。

A. 介质质元的振动动能和弹性势能都发生周期性变化，但两者的相位不相同

B. 介质质元的振动动能增大时，其弹性势能减小，总机械能守恒

C. 介质质元在其平衡位置处振动动能和弹性势能都最大

D. 介质质元的振动动能和弹性势能的相位在任意时刻都相同，但两者的数值不相等

二、判断题（本大题共 6 小题，每小题 1 分，共 6 分，在括号内填√表示说法正确，在括号内填×表示说法错误，本题只需指出正确与错误，不需要修改）

7. 简谐振动是一种理想化的振动，客观上不存在。（　　）

8. 单摆的振动周期和振幅无关，只与摆长和当地的重力加速度有关。（　　）

9. 旋转矢量所做的运动就是简谐振动。（　　）

10. 机械波的传播过程伴随着弹性质元、振动相位和能量的传播。（　　）

11. 声波是机械纵波，可以在固体、液体和气体中传播。（　　）

12. 同一机械波在不同弹性介质中的传播速度和波长各不相同。（　　）

三、填空题（本大题共 6 小题，每空 2 分，共 26 分）

13. 一质点做简谐振动，其振动方程为 $x=0.02\cos\left(\pi t+\dfrac{3\pi}{4}\right)$(SI)，则该振动的振幅为________，周期为________，初相位为________。

14. 一弹簧振子在水平方向上振动，其振幅为 0.4 m，角频率为 $\psi=4\pi\ \mathrm{rad\cdot s^{-1}}$，振子从 -0.2 m 处释放，开始向平衡位置运动，该振子的初相位为________，简谐振动方程为________。

15. 一系统做简谐振动，振幅为 A，周期为 T，初相位为 $-\dfrac{\pi}{2}$，若以余弦函

数表示，则在 $0 \leqslant t \leqslant T/4$ 范围内，当 $t=$______时，系统的动能和势能相等。

16. 产生机械波的两个条件：（1）______________________；（2）______________________。

17. 设 A、B 是简谐波波线上两点，已知 A 点相位比 B 点相位落后 π，A、B 两点相距 1.5 m，波源的频率为 50 Hz，则该波的波长为______________，波速为______________。

18. 若两个相干波源 S_1 和 S_2 的频率均为 ν，初相位分别为 φ_1 和 φ_2，它们到介质中 P 点的距离分别为 r_1 和 r_2，在 P 点引起的分振动振幅分别为 A_1 和 A_2，则 P 点的两个分振动的简谐振动方程分别为 $y_1(t)=$__________，$y_2(t)=$__________，合振动振幅 $A=$__________。（设波速为 u）

四、计算题（本大题共 5 小题，每小题 8 分，共 40 分）

19. 一质量为 $m=0.4$ kg 的物体，在弹性回复力的作用下沿 x 轴运动，弹簧的刚度系数 $k=10$ N/m。

（1）求振动的角频率和周期；

（2）如果振幅 $A=0.02$ m，在 $t=0$ 时物体位于 0.01 m 处，并沿 x 轴负方向运动，求该振动的简谐振动方程。

20. 一弹簧振子沿 x 轴做简谐振动。已知振子的质量 $m=2$ kg，当振子位于最大位移 $x_{max}=0.4$ m 处时，最大回复力为 $F_{max}=0.8$ N，若 $t=0$ 时振子的位移为 0.2 m，初速度方向与 x 轴正方向相反。试求：

（1）弹簧振子的振动能量；

（2）此振子的简谐振动方程。

6. E_k是粒子的动能，p 是它的动量，那么粒子的静止能 m_0c^2等于（　　）。

A. $(p^2c^2-E_k^2)/2E_k$　　B. $(p^2c^2-E_k)/2E_k$

C. $(p^2c^2+E_k^2)/2E_k$　　D. $(pc-E_k)^2/2E_k$

二、判断题（本大题共 6 小题，每小题 1 分，共 6 分，在括号内填√表示说法正确，在括号内填×表示说法错误，本题只需指出正确与错误，不需要修改）

7. 经典物理学中，时间和空间与物体的运动无关，都是绝对的。（　　）

8. 通过伽利略变换式可以得出，两个惯性系中牛顿运动定律的形式是相同的。（　　）

9. 通过洛伦兹变换式可以得出物体的固有长度最短。（　　）

10. 通过洛伦兹变换式可以得出在 S 系中同时发生的两个事件，在相对 S 系做匀速运动的 S' 系中也是同时的。（　　）

11. 洛伦兹变换式给出的是两个惯性系之间的时空变换关系。（　　）

12. 按照狭义相对论的观点，物体的静止质量最大。（　　）

三、填空题（本大题共 7 小题，每空 2 分，共 26 分）

13. 陈述狭义相对论的两条基本原理。

(1) ____；

(2) ____。

14. 两个惯性系 S 和 S'的相对速率为 $0.6c$，在 S 系中观察，一事件发生在 $t=2\times10^{-4}$ s，$x=5\times10^3$ m 处，则在 S' 系中观察，该事件发生在 $t'=$__________ s，$x'=$________ m 处。

*15. 两火箭 A、B 沿同一直线相向运动，测得两者相对地球的速度大小分别是 $v_A=0.9c$，$v_B=0.8c$，则两者互测的相对运动速度为________。

16. 一观察者测得运动的米尺的长度为 0.5 m，则米尺接近观察者的速度为____________________。

17. 一棒的静止长度为 l_0，质量为 m_0，当棒以速率 $v=0.95c$ 沿棒的方向运动时，它的线密度为________；当它以同样的速率沿与棒垂直的方向运动时，它的线密度为______________。

18. α 粒子在加速器中被加速，当加速到其质量为静止质量的 5 倍时，它的速率为______________，动量为______________，动能为______________。

19. 设有两个静止质量均为 m_0的粒子，以相等的速率 v_0相向运动并发生碰撞，合成一个粒子，则该复合粒子的静止质量 $M_0=$ ________，运动速率 $v=$ ________。

四、计算题（本大题共 5 小题，每小题 8 分，共 40 分）

20. π^+介子是一种不稳定粒子，其平均寿命为 2.6×10^{-8} s（在它自身参考系中测得）。

（1）如果此粒子相对于实验室以 $0.8c$ 的速率运动，那么实验室坐标系中测得 π^+介子的寿命为多长？

（2）π^+介子在衰变前运动了多长距离？

21. 一原子核以 $0.5c$ 的速率离开一观察者。原子核在它的运动方向上向前发射一电子，该电子相对于核有 $0.8c$ 的速率；此原子核又向后（向观察者方向）发射一光子。对静止的观察者来讲：

（1）电子具有多大的速度？

（2）光子具有多大的速度？

22. 某人测得一根静止棒的长度为 l 、质量为 m，于是求得棒的线密度为 $\rho=\dfrac{m}{l}$ 。假定棒以速率 v 沿棒长方向运动，此人再测运动棒的线密度应为多少？若棒在垂直于棒长的方向上运动，它的线密度又为多少？

B. 容器内各部分温度相等

C. 容器内各部分压强相等，且各部分密度也相同

D. 无法判断

5. 在标准状态下，任何理想气体在 1 m^3 中含有的分子数都等于（　　）。

A. 6.02×10^{23}　　　　B. 6.02×10^{21}

C. 2.69×10^{25}　　　　D. 2.69×10^{23}

6. 大小不同的两容器分别装有氮气和水蒸气，温度相同，则下列各量中相同的量是（　　）。

A. 气体分子的平均动能　　　　B. 气体的压强

C. 气体分子的平均平动动能　　　　D. 气体的密度

二、判断题（本大题共 6 小题，每小题 1 分，共 6 分，在括号内填√ 表示说法正确，在括号内填×表示说法错误，本题只需指出正确与错误，不需要修改）

7. 一定量的理想气体，等体加热时，气体分子的平均速率随温度的升高而增大。（　　）

8. 1 mol 刚性双原子分子理想气体，当温度为 T 时，其内能为 $\frac{3}{2}RT$ 。（　　）

9. 一年四季大气压强一般差别不大，但是相对而言冬天空气的密度比较大。（　　）

10. 系统处于平衡态时，系统和外界没有能量交换，内部也没有化学变化等任何形式的能量转换，系统的宏观性质不随时间变化。（　　）

11. 理想气体的温度越高，则热量越多。（　　）

12. 理想气体的温度越高，则内能越大。（　　）

三、填空题（本大题共 6 小题，每空 2 分，共 26 分）

13. 在平衡态下，已知理想气体分子的麦克斯韦速率分布函数为 $f(v)$，分子质量为 m，分子总数为 N，最概然速率为 v_p，试说明下列各式的物理意义。

(1) $\int_{v_p}^{\infty} Nf(v)\mathrm{d}v$ 表示________________________________；

(2) $\int_0^{\infty} \frac{1}{2}mv^2 f(v)\mathrm{d}v$ 表示________________________。

14. 在室温（27 ℃）下，1 mol 氢气和 1 mol 氧气的内能之比是__________，

1 g 氧气和 1 g 氢气的内能之比是________________。

15. 理想气体的内能是________的单值函数，$\frac{i}{2}kT$ 表示________，$\frac{m}{M}\frac{i}{2}RT$ 表示__________。

16. 氢气在 27 ℃ 时，每立方厘米的体积内分子数为 2.4×10^{12}，则氢分子的平均平动动能为______，作用在容器壁上的压强为______。

17. 指出下面给出的理想气体物态方程的几种微分形式表示的是什么过程。

(1) $p\mathrm{d}V=(m/M)R\mathrm{d}T$ 表示________________过程；

(2) $V\mathrm{d}p=(m/M)R\mathrm{d}T$ 表示________________过程；

(3) $p\mathrm{d}V+V\mathrm{d}p=0$ 表示__________________过程。

18. 各自处于平衡态的两种理想气体，温度相同，分子质量分别为 m_1、m_2，已知两种气体分子的速率分布曲线如图 5.1 所示，则这两种气体质量大的是______。

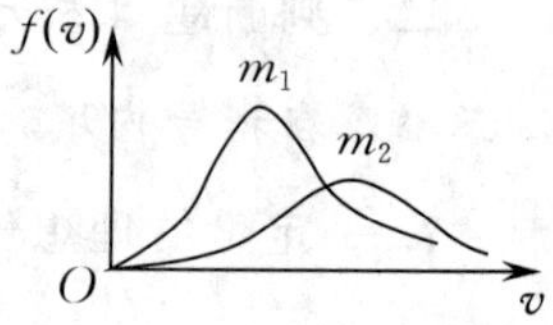

图 5.1

四、计算题（本大题共 5 小题，每小题 8 分，共 40 分）

19. 室温下，1 mol 氧气的平均平动动能和平均转动动能各为多少？将 1 g 氢气从 10 ℃ 加热到 30 ℃，氢气的内能增加多少？

20. 一容器储有一定量的氧气，其压强为 1.01×10^5 Pa，温度为 27 ℃，已知氧气的摩尔质量 $M=32\times10^{-3}\ \mathrm{kg\cdot mol^{-1}}$，氧分子的质量 $m=5.3\times10^{-26}$ kg，氧分子的有效直径 $d=3.56\times10^{-10}$ m，试求：

(1) 单位体积的氧分子数；

(2) 氧分子的平均速率；

(3) 氧分子的平均碰撞频率；

(4) 氧分子的平均自由程；

(5) 氧分子的平均平动动能。

C. 做的功相同，内能的变化量不同，吸收的热量不同

D. 无法判断

5. 一定量的理想气体，初态温度为 T，体积为 V，其先后经历下面三个准静态过程回到初态：(1) 绝热膨胀到体积为 $2V$；(2) 等体变化使温度恢复为 T；(3) 等温压缩到原来的体积 V。整个循环过程中（　　）。

A. 气体向外界放热　　　　B. 气体对外界做正功

C. 气体内能增加　　　　D. 气体内能减少

6. 有两个相同的容器，容积不变，一个盛有氦气，另一个盛有氢气（均可看成刚性分子），它们的压强和温度都相等，现将 5 J 的热量传给氢气，如果使氦气也升高同样的温度，则应向氦气传递的热量是（　　）。

A. 6 J　　B. 5 J　　C. 3 J　　D. 2 J

二、判断题（本大题共 6 小题，每小题 1 分，共 6 分，在括号内填√表示说法正确，在括号内填×表示说法错误，本题只需指出正确与错误，不需要修改）

*7. 热力学系统经绝热过程，系统的熵将保持不变。（　　）

8. 两种理想气体的温度相同，物质的量也相同，则它们的内能相同。

（　　）

9. 如果只用绝热方法使系统从初态变到末态，则对于连接这两态的不同绝热过程，系统所做的功不同。（　　）

*10. 一个不受外界影响的孤立系统，其内部发生的过程，总是由概率小的状态向概率大的状态进行。（　　）

11. 由 p、V、T 描述的理想气体，在等体、等压、等温的过程中能独立改变的状态参量数目是 1 个。（　　）

*12. 理想气体在等体过程中，其分子平均自由能与温度无关。（　　）

三、填空题（本大题共 5 小题，每空 2 分，共 26 分）

13. 一气缸内储有 10 mol 的单原子分子理想气体，在压缩过程中，外界做功 209 J，气体温度升高 1 K，则气体内能的增量为__________，吸收的热量为__________。

14. 一卡诺制冷机低温热源的温度为 300 K，高温热源的温度为 450 K。每次循环从低温热源吸热 400 J，则该制冷机的制冷系数为__________，每一次循环中外界必须做的功为__________。

15. 热力学第二定律的开尔文表述为____________________，热力学第二定律的克劳修斯表述为____________________。

16. 一定量的气体从同一初态 A 出发，分别经历等压、等温、绝热三种过程，体积由 V_1 膨胀到 V_2，则在上述三种过程中，__________过程对外界做的功最多，__________过程对外界做功最少，__________过程内能增加，__________过程内能减少。

17. 要使一热力学系统的内能变化，可以通过__________或__________两种方式；理想气体的状态发生变化时，内能的改变量只取决于__________。

四、计算题（本大题共 4 小题，每小题 10 分，共 40 分）

18. 已知范德瓦耳斯气体物态方程为 $\left(p+\frac{a}{V_{\mathrm{m}}^2}\right)(V_{\mathrm{m}}-b)=RT$，其内能为 $E_{\mathrm{m}}=cT-\frac{a}{V_{\mathrm{m}}^2}+d$，其中 a、b、c、d 均为常数，试求：

（1）该气体从体积为 V_1 等温膨胀到体积为 V_2 时所做的功；

（2）该气体在等体过程中升高 ΔT 温度所吸收的热量。

19. 1 mol 的氢气，在压强为 1.01×10^5 Pa、温度为 20 ℃ 时，其体积为 V_0，今使其经历以下两种过程达到同一状态。

（1）先保持体积不变加热，使其温度升高到 80 ℃，然后令其等温膨胀，体积变为原来的 2 倍；

（2）先使其等温膨胀至原来体积的 2 倍，然后保持体积不变，加热到 80 ℃。

试分别计算上述两种过程中气体吸收的热量、气体对外界所做的功和气体内能的增量，并作出 p-V 图。